灾害与社会管理专家论坛丛书

POST-WENCHUAN EARTHQUAKE REHABILITATION AND RURAL SAFETY COMMUNITY CONSTRUCTION

汶川地震灾后重建和农村平安社区建设

2009 年

POST-WENCHUAN EARTHQUAKE REHABILITATION AND RURAL SAFETY COMMUNITY CONSTRUCTION

灾害与社会管理专家论坛丛书
2009

汶川地震灾后重建和农村平安社区建设

主编 蒋树声

群言出版社
Qunyan Press

灾害与社会管理专家论坛

《汶川地震灾后重建和农村平安社区建设》学术委员会名单

主任：陈　颙　中国科学院院士，中国地震局研究员
　　　张梅颖　全国政协副主席，民盟中央第一副主席　教授
　　　张宝文　民盟中央常务副主席

委员：（按姓氏笔画排名）
　　　王光谦　中国科学院院士，清华大学水沙科学与水利水电工程国家重点实验室主任、教授，民盟中央教育委员会主任
　　　史培军　北京师范大学教授、常务副校长，汶川大地震专家组副组长
　　　严亮奇　民盟中央社会与法制委员会委员，民盟浙江省委法律委员会副主任，浙江浙中律师事务所主任
　　　吴正德　民盟中央副主席，民盟四川省委主委　教授
　　　李　文　四川省安全科学技术研究院
　　　李　晖　西安交通大学医学院第一附属医院主任医师，

灾害与社会管理专家论坛丛书

教授、博士生导师	
张　力	四川省民政厅副厅长，省慈善总会副会长，民盟四川省委副主委
易敏利	民盟四川省委副主委，西南财经大学 MBI 教育中心主任　教授
郑功成	民盟中央经济委员会主任，国家减灾委专家委员会副主任，中国人民大学教授
赵振铣	民盟中央常委，民盟四川省委副主委　教授
乡　成	民盟四川省委教育工作委员会委员，中共四川省委党校副教授
索丽生	民盟中央副主席　教授
董祚继	民盟中央经济委员会副主任，国土资源部规划司司长

灾害与社会管理专家论坛
《汶川地震灾后重建和农村平安社区建设》
编委会名单

主　编：蒋树声

副主编：索丽生　陈　颢　邹其嘉

编　委：高拴平　李　勇　刘骆生
　　　　范　芳　王绍玉

编　辑：吕苑苑　马宝琛　樊　伟
　　　　王暑京

灾害与社会管理专家论坛丛书

WENCHUAN DIZHEN ZAIHOU CHONGJIAN HE NONGCUN PING'AN SHEQU JIANSHE

2009年7月13日,民盟中央"灾害与社会管理专家论坛"年会在四川成都举行。左起:王光谦、Fabrice Renaud、吴正德、蒋树声、解洪、索丽生、聂文强

目 录

在"2009 中国·成都国际灾害风险大会"上的讲话
………………………………………………… 蒋树声 / 1

建立灾害应对机制促进农村平安社区建设
——以民盟广东省委开展农村安全社区建设试点
　　工作为例……………… 民盟广东省委员会 / 1
1　前期准备工作 …………………………………… 2
2　试点工作进展 …………………………………… 3
3　试点工作设想 …………………………………… 5
4　工作体会 ………………………………………… 8

北川县城地震遗址的洪水风险分析
………… 王光谦　傅旭东　刘帆　马宏博　李想 / 11
1　北川县城地震遗址的防洪问题 ………………… 11
2　唐家山—北川河段概况 ………………………… 12
3　计算方法 ………………………………………… 14
4　成果分析 ………………………………………… 18
5　结论 ……………………………………………… 23

灾害与社会管理专家论坛丛书

The IHDP-IRG Project and the Paradigm of
Large Scale Disaster Risk Governance in China
.... Peijun SHI, Carlo JAEGER, Weihua FANG,
Lianyou LIU, Jing'ai WANG, Shiqiang DU / 25
- Introduction 25
- 1 Integrated Risk Governance project 26
- 2 Chinese paradigm of large scale disaster risk governance 28
- 3 Perspective to the emergency response of Chinese government to the Wenchuan Earthquake of May 12, 2008 30

从南方雪灾、汶川地震等灾害看构建我国公共应急法律功效评估机制的对策和建议 .... 严亮奇 / 33
- 1 从南方雪灾、汶川地震危机处理中，暴露我国公共应急法律制度还存在诸多问题 34
- 2 从南方雪灾、汶川地震看建立应急法律功效评估机制的历史意义及立法意义 36
- 3 构建公共危机应急法律功效评估机制的几点建议 38
- 4 结尾 42

中国志愿者元年的回望与思考 .... 吴正德 / 45

地震灾害应急救援运行体系关键技术的研究
.... 李 文 武玉梁 / 51

1 汶川地震灾害应急救灾协调机制的实效性……………52
   2 地震灾害应急的功能性缺陷………………………54
   3 应急运行体系的关键技术问题……………………55
   4 结论………………………………………………58

有关建立我国重大灾难及危机的心理卫生服务系统的建议
——有感于汶川再孕妈妈无明显原因流产及死胎
……………………………………… 李　晖 / 59
   1 问题………………………………………………61
   2 建议………………………………………………62

从"5·12"地震救援谈发挥慈善机构在社会应急管理中的重要作用 ……………………… 张　力 / 65
   1 政府应有效动员慈善机构参与社会应急管理
   ………………………………………………………66
   2 慈善机构参与社会应急管理存在的问题及建议
   ………………………………………………………68

探索灾后乡村产业重建的中国模式
……………………………… 易敏利　张劲松 / 71
   1 农业示范园推广模式："示范+辐射"
   ………………………………………………………72
   2 棚花村农村年画传习所模式："市场+农户"
   ………………………………………………………74
   3 玫瑰园旅游度假区开发模式："公司+农户"
   ………………………………………………………76

抗灾救灾：新中国 60 年的经验与教训

　　　　　　　　　　　　　　　　　　　　　　郑功成 / 81
1. 六十年抗灾救灾中积累的宝贵经验 …………………… 82
2. 六十年抗灾救灾中留下的深刻教训 …………………… 91

四川省事故预防型安全社区建设主要做法与经验

　　　　　　　　　　　　　　赵振铣　文卫平　郑　龙 / 101
1. 四川省事故预防型安全社区建设的概况 ……………… 103
2. 四川省事故预防型安全社区建设的主要做法
　……………………………………………………………… 105
3. 四川省事故预防型安全社区建设的主要经验
　……………………………………………………………… 109

创新型城市防灾减灾安全规划战略分析

　　　　　　　　　　　　　　　　　　赵振铣　武玉梁 / 115
1. 汶川地震震害基本情况与启示 ………………………… 115
2. 城市安全规划用地分析 ………………………………… 118
3. 创新型城市可持续发展的建设理念 …………………… 118
4. 城市综合防灾安全规划基本框架 ……………………… 119
5. 结语 ……………………………………………………… 122

发挥社区组织作用构建平安社区
——从汶川特大地震抗震救灾过程中社区组织所发挥的作用谈起

　　　　　　　　　　　　　　　　　　　　　　卿　成 / 125
1. 社区组织在抗震救灾救援阶段所发挥作用的分析
　……………………………………………………………… 125

  2 社区组织在恢复重建阶段所发挥作用的分析

    …………………………………………………… 135

  3 汶川大地震抗震救灾的启示 …………………… 140

科学管理土地促进防灾和重建…………………… 董祚继／147

  1 加强建设用地规划布局的地质灾害影响评价

    …………………………………………………… 148

  2 通过土地制度创新支持灾区恢复重建 ………… 161

灾害与社会管理专家论坛丛书

在"2009中国·成都国际灾害风险大会"上的讲话

各位来宾,女士们、先生们,大家早晨好!

在"2009中国·成都国际灾害风险大会"隆重召开之际,我首先以大会名誉主席的身份,向来自国内外的各位与会嘉宾、专家学者表示热烈地欢迎!

一年以前,发生在中国西南地区的"5·12"汶川特大地震,曾经震惊了整个世界!中国政府和人民在全世界人民的大力支持下,以大无畏的英雄气概和英勇顽强的拼搏精神,战胜了这场新中国建立以来震级最高、破坏力最强、救灾难度最大的地震灾害,取得了这场气壮山河的抗震救灾斗争的伟大胜利,也赢得了国际社会的广泛赞誉。但是,汶川特大地震及其造成的巨大人员伤亡和经济损失,再一次警醒世人:我们在努力推进经济社会快速发展的同时,必须高度重视防灾减灾事业,必须把保护人民群众的生命和财产安全放在治国兴邦的重要位置,否则,我们辛勤劳动创

全国人大副委员长
民盟中央主席
蒋树声

造的成果就会毁于一旦!

  女士们,先生们!灾难往往会给聪明的民族带来更多战胜灾害的智慧和经验!而国际灾害风险大会正是为各国专家和学者提供的用以相互学习与交流防灾减灾经验及研究成果的战略平台。我很高兴能有这样一个宝贵的机会,结识来自世界各国的专家和学者,学习和了解各国应对灾害的成功经验。中国有一句有名的成语,叫做"唇亡齿寒"。它提醒人们,当我们面对灾害的时候,加强相互合作是至关重要的。中国人民和世界人民一道战胜汶川特大地震灾害的实践也表明,灾害没有国界。世界各国人民在应对灾害时只有团结协作,相互支持,共享人类创造的应对和处置各种灾害的经验和成果,才能最终减轻或消除灾害的破坏影响。我相信,这次国际灾害风险大会一定会在促进各国专家学者相互借鉴与交流防灾减灾的经验及研究成果上取得新的进展,为促进综合灾害风险管理战略的实施,促进建设更加安全的和可持续发展的和谐世界做出应有的贡献!

  最后,祝愿"2009 中国·成都国际灾害风险大会"取得圆满成功!

  谢谢大家!

蒋树声
2009 年 7 月 13 日

建立灾害应对机制
促进农村平安社区建设

——以民盟广东省委开展农村安全社区建设试点工作为例

民盟广东省委员会

在新农村建设中，推进安全社区建设，增强农村防灾减灾能力，构建平安和谐的新农村，是关系我国农村经济社会可持续发展的重要问题。建设农村安全社区，是构建和谐新农村不可或缺的重要任务，是构建社会主义和谐社会的重要内容。近年来，民盟中央持续关注"三农"和灾害预防管理问题，并进行了创建农村安全社区的探索工作，这是民盟继承和发扬关注民生、改善民生的优良传统的具体体现。而发挥智力优势，组织力量为平安农村社区建设出谋献策，也成为民盟各级组织今后参政议政和社会服务工作的重要任务。

民盟广东省委会长期以来都十分关注民生，致力于提高老百姓的幸福指数，让人民群众安居乐业，尤其关注经济社会发展与珠江三角洲地区有较大差距的粤东、粤西和粤北山区。为此，我会主动承担了民盟中央开展的农村安全社区建设试点工作。

1 前期准备工作

民盟中央副主席、民盟广东省委主委温思美多次召集主委会议专门研究开展促进农村平安社区建设工作。温思美主委在常委、全委会议和地方工作会议上多次提出要求全省各级盟组织、职能部门要提高认识，增强开展专项工作的积极性和主动性；要精心组织，积极参与；要突出工作重点，把粤东、粤西和粤北山区作为促进农村平安社区建设的重点区域，首先选择一两个县或镇、村进行试点，取得一定经验后再在全省范围内进行推广。

经过多次调研、反复比较，综合考量历年来自然灾害较多、地方党政领导较重视、民盟地方组织影响力和组织能力较强等方面的原因，民盟广东省委决定首先在阳江开展农村平安社区联合建设工作。

阳江位于广东西南沿海，紧靠珠三角核心区，是珠三角的直接腹地和粤西地区面向珠三角的前沿。阳江属滨海丘陵地区，地处热带北缘，是亚热带向热带过渡地区，南亚热带海洋季风气候，强台风、大暴雨等自然灾害较多，破坏性较强，素有"台风中心"和"暴雨中心"之称。每年6～11月是台风季节，8级以上台风平均每年有1.3次，最强台风超过12级，破坏力极强，给人民群众生命财产造成重大的损失，尤其是对全市的农业、渔业经济和农村社区安全影响非常大，在很大程度上制约着全市经济社会的发展。据统计，2001～2008年，阳江市遭受台风、洪水的直接经济损失共计70亿元，仅2008年14号强台风黑格比造成的直接经济损失就高达42.31亿元。中共阳江市委、市政府历来高度重视防灾减灾和公共安全工作，并在近年的工作中取得了一定的成效，积累了较为丰富的经验，但仍遇到不少困难，工作中还存在一些突出问题需要认真研究解决，比如农村地区抵御灾害的薄弱环节比较突出、农业灾后复产补偿的有效机制尚未建立等。

考虑到人力、物力、财力等多方面的因素，根据能力所及，我们没有把整个阳江市纳入试点范围，而是最终选择了阳江市东部沿海县区阳东县作为我省的第一个试点。

2 试点工作进展

2.1 成立领导机构，建立保障制度

为确保农村安全社区建设试点工作的顺利进行，2008年8月，试点领导小组成立，负责试点工作的实施。民盟中央副主席索丽生担任组长，民盟中央参政议政部副部长刘骆生、民盟广东省委专职副主委李竟先、民盟阳江市委主委郑尤坚和阳江市副市长李日芳为组员。由民盟中央委员、哈尔滨工业大学教授王绍玉等组成试点专家小组，为试点工作提供专业指导。同时，民盟广东省委建立了相应的工作保障机制：曰专职副主委李竟先直接领导此项工作，民盟阳江市委主委驻点处理日常工作，通过民盟阳江市委与阳东县有关部门建立定期和不定期的工作联系制度，及时沟通各种问题，通报工作进度，明确工作

任务，保证阳东县农村平安社区建设系列工作有步骤、有计划地开展。

2.2 深入调研，完成调研报告

自试点选定以来，我们多次邀请民盟中央的专家、派出相关职能部门的干部到阳江市及阳东县调研，了解主要自然灾害地域分布特点及其危害程度，就农村安全社区建设问题，先后与阳江市政府主管领导以及市气象局、公安局、民政局、农业局、水利局、地震局、消防局、林业局等职能部门进行专题座谈，并于2008年11月完成了《广东省阳江市农村安全社区建设试点调研报告》，为中共阳江市委、市政府加强农村公共安全体系建设提供决策参考。

2.3 试点启动进入实施阶段

根据试点专家小组提出的初步建议，阳江市委、市政府把加强农村平安社区建设的重点确定为落实"五个强化"：强化突发事件应急队伍建设、强化应急物资储备体系建设、强化防灾减灾基础设施建设、强化农村公共安全的综合信息平台建设、强化应急预案体系建设。经过一段时间的努力，已经取得了初步的成绩。2009年3月，阳东县人民政府举行农村安全社区建设试点启动阶段工作部署和动员大会。会后，试点专家组的两位教授分别做了关于试点防灾减灾工作构想的专题报告，并与阳东县有关领导座谈防灾减灾实施方案，提出试点工作三个阶段的进度安排，阳东县农村平安社区建设试点工作计划正式启动并进入实施阶段。

3 试点工作设想

3.1 阳东县农村平安社区建设的工作任务

（1）编制阳东县防灾减灾和公共安全建设总体规划以及东城镇、东平镇公共安全和防灾减灾体系，科学系统地为中共阳东县委、县政府加强农村公共安全体系建设谋划发展蓝图；

（2）编制阳东县东城镇金村、东平镇口洋村公共安全和防灾减灾体系，探索与农村生活生产实际相适应的公共安全建设新模式；

（3）编制突发事件应急机构的建设规划，通过突发事件应急处理系统的搭建，帮助阳东县建立科学的农村防灾减灾和公共安全管理的快速联动网络；

（4）编制镇和村应急基础设施建设规划，为农村防灾减灾和公共安全管理提供硬件设施保障；

（5）编制镇和村突发事件应急物资的储备体系，保证突发事件应急物资供给，提高农村防灾减灾能力；

（6）编写应对突发事件的宣传、培训与教育教材并参加宣传、培训与教育工作，促进阳东县全民防灾减灾和公共安全意识的树立；

（7）为农村公共安全和防灾减灾应急综合信息处置平台搭建提供技术咨询，促进农村应对突发事件快速联动，有效地减少当地农民群众财产损失和人员伤亡。

3.2 促进阳东县农村平安社区建设的工作内容

根据阳东县农村平安社区建设的工作任务，我们将试点工作的主要内容确定为：以农村基层组织（乡、村）公共安全管理机构和制度建设为龙头，研究探讨建立农村社区的灾害风险管理体系和制度措施；以研究构建农村基层组织（乡、村）有效的灾害反应机制为启动点，设计编写适用乡、村两级组织的灾害应急预案体系；以水旱灾害、气象灾害和突发公共卫生事件的预防为重点，研究探索建立适合农村社区的初级公共安全设施体系、灾害应急资源储备体系及建立适合农村社区的灾害补偿机制，积极推进农村灾害保险的实施。具体工作内容包括：

3.2.1 帮助建立和完善突发事件应急机构

（1）提出县级应急管理人员网络规划意见。建议加强县应急办的指挥中心功能建设，组建由农村治安联防、安全生产监督和突发事件应急等人员组成的综合应急工作队伍，分设农村治安联防、安全生产监督、突发事件应急三个小组，并通过团县委、妇联、县红十字会在全县范围招募一批志愿者，构筑完善的县级应急管理人员网络。

（2）编制组建镇级、村级突发事件应急管理委员会方案。以专兼职结合、平时与战时相结合的原则组建镇级应急队伍，建议赋予镇级应急队伍农村治安联防、安全生产监督和突发事件应急处理三种职能。同时组建包括志愿者和广大农民参与的多层次、多职能的群众性应急反应队伍。加强村级突发事件应急管理委员会村级组织突发事件组织救援的指挥中心功能建设，发挥党员应急救援队以及村民兵组织、村共青团组织、村妇联组织、村志愿者组织等在村级突发事件应急反应和救援的中坚力量作用。

3.2.2 帮助试点完善应急预案体系建设

（1）组织专家力量整合试点应急预案体系，修编各类应急预案，推动各镇、各部门单位预案体系建设。开展全县应急预案体系调查，修编各类应急预案，推动各镇、各部门单位预案体系建设。

（2）修订并汇编阳东县应急预案。汇集全县各类应急预案，修订编辑成册，发送各有关单位。

3.2.3 完善和建立突发事件应急物源储备体系

（1）建议在县、镇的财政计划中，将应急管理资金纳入财政预算，各行政村从村收入中提留适当的资金用于应急管理，并建立健全应急资金管理制度，加强应急资金的管理和使用。

（2）组织专家规划应急物资储备库布局。通过对应急物资储备库的合理布点，促使镇政府和村委会应急物资储备库应急物资储备的情况与当地实际相适应。

3.2.4 提出对应急基础设施建设规划的建议。制定与当地实际情况相适应的应急基础设施建设方案，特别是应急避难场所规划，要充分利用学校、广场、运动场、闲置空地等资源规划应急避难场所，做到急避难场所布点合理，应对突发事件实用有效。

3.2.5 参与应对突发事件的宣传、培训与教育工作

（1）加强对县、镇和村领导干部和党员骨干的培训。组织专家以各种形式向领导干部和党员骨干解读安全社区建设的

总体构想和具体计划以及工作职责，灌输应对突发事件快速处理常识；

（2）加强公共安全和防灾减灾知识宣传。通过利用各种媒体，开办应急管理专栏、摄制专题节目、编印知识读本等形式向群众普及应急救援知识；

（3）加强中小学师生防灾减灾知识和应急避险常识的教育，通过学生教育家人，不断强化全民防灾减灾意识和紧急避险技能；

（4）编写抗灾减灾教材，加强全县各级应急管理人员应急救援演练。抓紧对县农村治安联防、安全生产监督和突发事件应急等人员组成的综合应急工作队伍的培训，有效提高抗灾减灾能力。

3.2.6 推动建立农村公共安全和防灾减灾应急综合信息处置发布平台，建立由各种媒体、电信等构成的快速联动信息网络，以便于在突发事件发生时能将信息传递到千家万户。

3.2.7 研究探讨建立灾害补偿机制，初步建立应急保障机制。组织专家解决相关问题，促进县逐步把各方面用于农渔等行业的风险准备基金，通过保险和被保险的责任契约有机地整合在一起，逐步建立补偿风险损失制度。

4 工作体会

4.1 领导积极重视是关键

民盟广东省委积极组织试点领导和工作机构，提供人力物力支持；主委亲自过问，强调将其作为民心工程的样板工程，派专职副主委亲自抓，组织选点，派职能部门专门配合工作；深入基层，多次请有关专家调研，并在调研的基础上争取当地政府的高度配合；总结过去的经验教训，制定出具有可操作性的工作方案。今年8月，盟省委还将组织专家到山西诸城、江西赣州等在农村安全社区建设方面取得经验的地区调研，尽可能使提出的建议有针对性并切实可行。正是由于盟省委领导的高度重视，才使试点工作得以顺利开展。

4.2 地方党委、政府的大力支持最重要

阳江市委、市政府一直以来高度重视农村的防灾减灾工作，千方百计抓好全市农村应急管理和公共安全建设。自试点工作计划之初就积极争取、大力支持，并以此为契机，全力配合民盟中央、民盟广东省委做好相关工作，不仅有一位副市长作为试点领导小组成员直接参与领导，还多次与调研组的专家座谈，介绍情况、了解工作进展，并把调研报告中的建议迅速转化为具体的工作安排。这样一来，双方发挥优势、联合建设、各司其职，使我们的工作达到事半功倍的效果。

4.3 思路明确是基础，措施可行是前提，推动落实是根本

为了使试点工作更有成效，试点领导小组首先确定了试点工作的总体构想，并责成试点专家组完成调研工作。试点专家组制定了关于在广东省阳江市开展安全社区建设试点的工作计划，并在此基础上拟定了周密的调研方案，通过深入调研，掌握具体情况，提出了初步的建议。在今后的工作中，我们将针

对各项工作内容进行认真研究探讨，把工作重点放在为阳东县委、县政府加强农村公共安全体系建设提供决策参考，以及推动具体方案落实、促进设施和机制建设上，从而逐步推进阳东县更加科学系统、有序高效地开展防灾减灾、灾后重建和公共安全管理工作，有效地减少当地农民群众财产损失和人员伤亡，促进阳东社会经济健康稳步和谐发展。

4.4 及时总结经验，试点具有可推广性才有价值

农村安全社区建设是一个新课题，需要进行长时间的探讨和研究，需要多方面的共同努力协作。按照"先起步、后完善，先试点、后推广"的原则，我们不仅希望通过试点工作推动阳江的农村安全社区建设，更重要的是在试点工作中取得如何在农村社区建立有效的防灾减灾和公共安全管理机构与制度体系、如何建立农村社区应对主要灾害的预案体系和设施体系等方面的经验，进行总结和推广，努力探索出一条具有普遍意义的农村防灾减灾和公共安全管理体系建设的成功路子。同时深入探讨建设农村社区的灾害补偿机制及推进农业灾害保险等重大问题，积极建言献策，为社会主义新农村建设做出应有的贡献。

北川县城地震遗址的洪水风险分析

清华大学水沙科学与水利水电工程国家重点实验室

王光谦　傅旭东　刘帆　马宏博　李想

1　北川县城地震遗址的防洪问题

北川原县城是汶川地震中受灾最惨重的地区之一，当前面临着通口河汛期洪水（经由北川上游唐家山下泄）与相邻魏家沟泥石流的双重威胁。在"5·12"地震前，北川县城的防洪标准为20年一遇。在震后"6·10"唐家山溃堰泄洪过程中，唐家山、苦竹坝至北川县城遗址一线的通口河河道发生大量淤积；其中，北川县城遗址附近河床淤高7~8米、河道缩窄近1/3（见图1）。2008年9月24日，北川县城遗址紧邻的魏家沟爆发泥石流，直接淤埋北川老县城遗址约10余米，通口河在北川县城遗址的180°大拐弯也发生了裁弯取直。河道的大幅淤高，直接降低了北川县城遗址的防洪标准，加剧了"小水大灾"的风险。在通口河发生常见的汛期小洪水时，北川县城遗址也可能会因水位过高而被洪水淹没，从而给地震遗址带来损害。

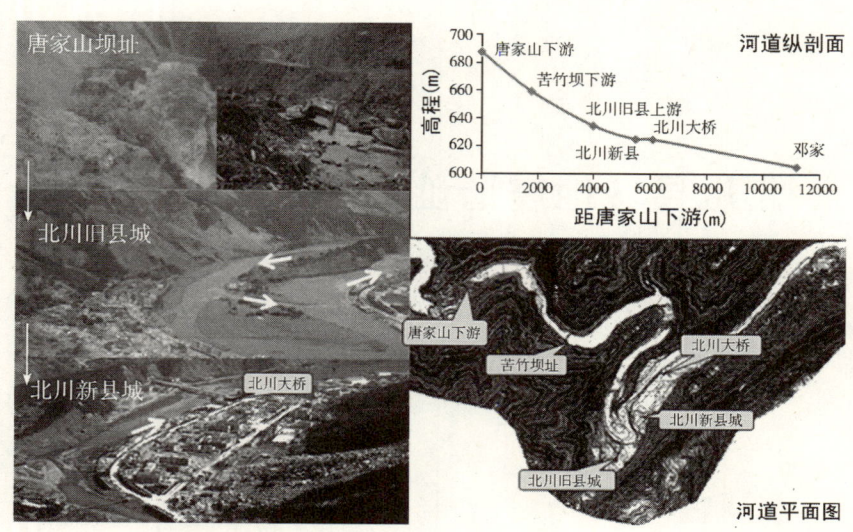

图 1 唐家山—北川河段概况

地震及次生的溃堰洪水，泥石流所导致的河道地形、地貌改变，使北川县城遗址的防洪能力发生了巨大变化。为了有效保护国家地震遗址，避免潜在的洪水破坏，本专题研究现状条件下的北川县城遗址防洪能力问题，为相关防洪保护措施决策提供依据。即在不同频率洪水条件下，研究如下两个相互关联的问题：

（1）通口河北川县城遗址河段的过流能力，即水位、水深和过流量等。

（2）北川县城遗址淹没范围，即受淹程度。

2 唐家山—北川河段概况

汶川"5·12"大地震中，北川县城遗址上游约5km处的通口河右岸唐家山山体滑坡形成了堵江的唐家山堰塞坝。堰塞坝顺河向长803.4m，横河宽611m，最大坝高约124m，最小坝高约90m，体积约2037万 m^3。堰塞坝堵江形成的堰塞湖，最高蓄水位743.10m，库容约3.16亿 m^3，流域面积达到3550km^2。2008年6月10日泄流时，下泄洪水历时26小时，洪量1.6亿 m^3，峰值流量达6500m^3/s。泄流后，堰塞坝下切约30m，形成较宽敞的新河道，中心线长约890m，底宽100～145m，坝址下游高程约688m，两岸台地为大量未经水流充分粗化的砂砾石。因泄沅洪水的洪峰流量衰减迅速，被洪水冲刷携带的堰塞坝堆积物沿河道大幅淤积，造成堰塞坝下游的唐家山—苦竹坝河段淤高20至30m，河道比降从原河床的0.2%增至2%（见图2）。

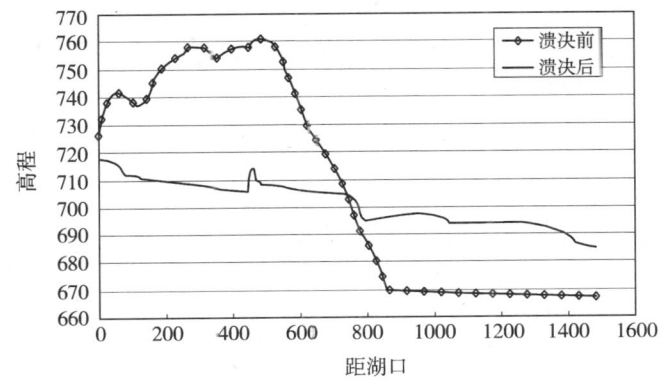

图2 唐家山堰塞湖溃决前后的河道地貌变化

北川县城遗址位于唐家山堰塞坝下游约5km处，原防洪标准为20年一遇，相应洪峰流量达3920m^3/s。2008年6月10日，唐家山堰塞湖泄流洪水经过北川县城遗址的洪峰流量达

6540m³/s。根据当地居民描述，"6·10"泄流时水深高出北川新县城遗址沿河街道约 2m，恰好到北川标志性雕塑——"三羊开泰"的基座处（见图 3）。洪水携带的大量堰塞坝堆积物，同时造成北川县城遗址处的河道淤积抬高 7～8m。

图 3　唐家山堰塞湖 "6·10" 溃决泄流时的北川县城淹没范围

按照国家级遗址保护的防洪要求，北川县城地震遗址应具备百年一遇的防洪标准，但却正面临着即将到来的 2009 年汛期洪水威胁。因此，北川县城遗址现状条件下的防洪能力及如何达到遗址保护的防洪要求等问题，都亟需回答。

3　计算方法

由于现有资料尚不够精确，河道行洪的影响因素复杂，本专题仅考虑河道不冲刷与河道极限冲刷两种情形下的过流能力,以估算洪水淹没的可能范围。其中,河道不冲刷意味着同流量下水位最高,是偏危险的估算;河道极限冲刷的情形,意味着同流量下水位最低,是偏安全的估算。由于紧邻的魏家沟有 300 万 m³ 以上的潜在泥石流,北川县城遗址处的河道还存在着泥石流淤堵河床的可能性。这种最危险的情形,在本专题研究中没有考虑。同时,洪水被假定为不携带泥沙的清水,即没有考虑洪水挟沙对河床冲刷的抑制作用。

3.1 基本方程

对于狭长的山区河道,采用一维圣维南方程组描述其中的水流运动:

$$\frac{\partial Q}{\partial s} + \frac{\partial A}{\partial t} = 0 \tag{1}$$

$$\frac{\partial Q}{\partial t} + \frac{\partial}{\partial s}\left(\frac{Q^2}{A}\right) + gA\frac{\partial h}{\partial s} = gA(S_x - S_f) \tag{2}$$

式中,s 为沿一维河道的空间距离,t 为时间;$Q = AU$ 为流量,A 为过流断面面积,U 为断面平均流速;h 为水深,g 为重力加速度,$S_x = -\mathrm{d}z_b/\mathrm{d}s$ 为河床底坡,z_b 为床底高程;S_f 为摩擦底坡,由曼宁公式 $S_f = n^2 Q|Q|/A^{-2}/R^{-4/3}$ 给出,n 为曼宁糙率系数,R 为水力半径。圣维南方程组采用人工粘性修正的 MacCormack 格式计算。该数值格式能够模拟急流、缓流及其过渡等复杂流态,具有很好的捕捉间断的能力,曾成功用于唐家山堰塞湖溃决过程的洪水预报[1]。

3.2 计算条件

计算域为唐家山—苦竹坝—北川县城遗址—通口约25km长的河段。其中，北川旧县城遗址上游至北川新县城遗址下游为淹没分析范围，中间取了四个断面（见图5）。唐家山至北川大桥的河道地形图为中国水电顾问集团成都勘测设计研究院（后文简称为"成勘院"）提供的震后实测地形图，北川大桥至通口的河道地形图为国家测绘局提供的1∶50000的数字地形图。

唐家山——通口平面图

北川县城俯视

图5 计算域和北川县城遗址附近的若干重点断面

考虑到国家级地震遗址的防洪标准为百年一遇，北川县城遗址震前的原防洪标准为20年一遇，采用唐家山附近2年一遇至200年一遇的不同频率的洪水过程线作为进口边界条件（见图6）；相应的洪水特征参数见表1和表2。其中，4年一遇洪水为2005年北川水文站的典型洪水过程。唐家山溃堰洪水的洪峰流量介于100~200年一遇洪水之间，大致相当于150年一遇，洪量略小于10年一遇洪水的24小时洪量。

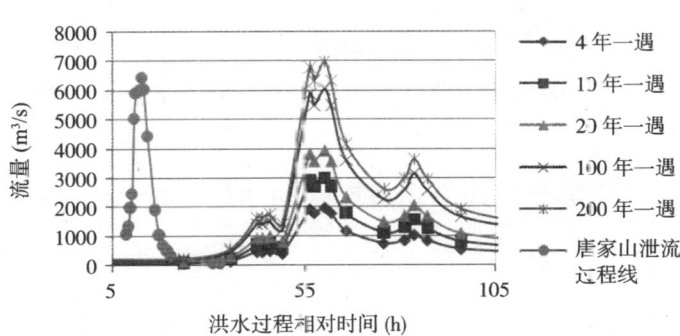

图 6 唐家山泄流过程线及不同重现期洪水过程线

表 1 不同频率洪水的洪峰流量

重现期（年）	2	4	10	20	50	100	200
洪峰流量（m³/s）	1180	1969	3040	3920	5120	6040	6970

表 2 不同频率洪水的洪量

重现期（年）	洪峰流量（m³/s）	洪量（亿 m³）				
		6 小时	12 小时	18 小时	1 日	3 日
4	1969	0.40	0.74	0.97	1.17	2.22
10	3000	0.62	1.12	1.48	1.77	3.39
20	3920	0.81	1.46	1.94	2.32	4.43
100	6040	1.24	2.26	2.99	3.57	6.82
200	6970	1.43	2.60	3.45	4.12	7.87

河床糙率是洪水演进计算中的重要参数。在长江水利委员会的《唐家山堰塞湖水力学计算书》[2]中，糙率系数 n 取值为 0.035 时的计算结果与唐家山"6·10"实测溃坝洪水北川水文站至通口河段的结果符合较好。考虑到溃坝洪水造成大范围

河床淤积，河床边界组成随之发生了巨大变化，选择糙率 n = 0.03、0.035、0.04、0.045、0.05，以考虑糙率变化的可能影响。

河床平均级配曲线采用成勘院的现场测量结果（见图7）。

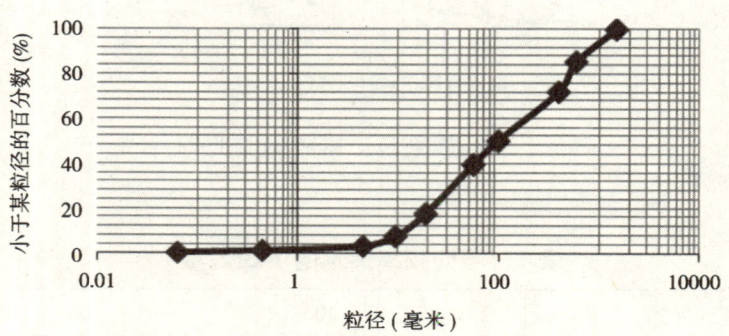

图7 唐家山下游河床平均级配

4 成果分析

4.1 北川县城遗址河段的水深和水位

北川县城遗址附近的河段宽窄不均匀，造成同流量条件下的水深和水位的差异。为此，以宽窄不同的四个河道断面作为特征断面（见图5），反映由于河道几何特征差异所导致的水深和水位变化。

表3列出了不同频率洪水下的河道水深计算结果（糙率 n = 0.04）。可以看到，2年一遇洪水的水深在4~6m，20年一遇洪水的水深达7~11m，百年一遇洪水的水深可达9~13m。与表3水深结果相对应的是河道水位。表4给出了上述四个特

征断面中水位最高值（糙率 n=0.04），图8则给出了不同断面、不同洪水频率下的水位分布。在2年一遇的洪水时，河道最高洪水位630.7m，20年一遇的最高洪水位为635.1m，百年一遇的最高洪水位达637.6m。同时，由于河道断面几何特征的差异，相同频率洪水下的不同断面之间也有水位差别。对于2年一遇的洪水，断面之间的水位差接近2m；对于200年一遇的洪水，水位差接近3m。

表3 不同频率洪水下的北川县城附近河道水深（糙率 n=0.04）

重现期（年）	2	4	10	20	50	100	200
水深（m）	4~6	5~8	6~10	7~11	8~12	9~13	10~14

表4 不同频率洪水的最高水位（糙率 n=0.04）

重现期（年）	2	4	10	20	50	100	200
最高水位（m）	630.7	632.2	633.9	635.1	636.6	637.6	638.5

唐家山堰塞湖"6·10"溃堰洪水经过北川县城遗址时的洪峰流量6540m³/s，相当于150年一遇洪水的洪峰流量，淹没北川新县城遗址沿河街道至"三羊开泰"雕塑的基座上沿（见图3）。课题组成员在北川县城遗址考察时，用手持GPS测量得该处街道河边沿的高程为635m。"三羊开泰"基座比河边沿高出近2m，则"6·10"溃堰洪水在该处的洪水位在637m左右，介于附近1#断面（见图5）的百年一遇和200年一遇的洪水水位之间（见图8）。由此可见，上述计算水位还是比较准确的。

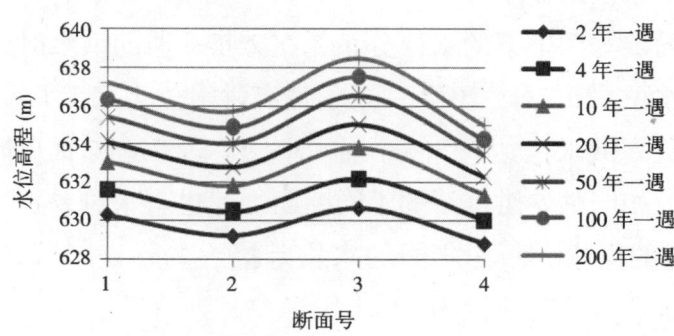

图8 不同断面在不同频率洪水下的最高水位（糙率 n = 0.04）

4.2 北川县城遗址的最大淹没范围

用上述不同频率洪水下的水位计算结果和成勘院提供的北川县城遗址地形图，可以制定不同洪水的淹没范围，并统计出淹没面积比例（淹没面积占北川县城遗址面积的百分比），结果见表5和图9。根据成勘院提供的北川县城遗址地形图，北川老县城遗址面积9.0万 m^2，新县城遗址面积28.8万 m^2，新、老县城遗址面积合计37.8万 m^2。可以看到，即使在遭遇2年一遇的洪水时，新、旧县城遗址也会有14.6%的面积被淹没；遭遇20年一遇的洪水时，受淹面积提高到42.5%。从图9还可以看到，受淹面积主要发生在地势较低的河道下游段。在遭遇20年一遇和百年一遇的洪水时，新县城遗址的沿河建筑物以及新、老县城遗址交界处都将面临淹没危险。

表5 不同频率洪水的北川县城淹没比例

洪水重现期	2年一遇	20年一遇	100年一遇
旧县城遗址	6.0%	42.1%	52.2%
新县城遗址	17.3%	42.6%	60.2%
新、旧县城遗址	14.6%	42.5%	58.3%

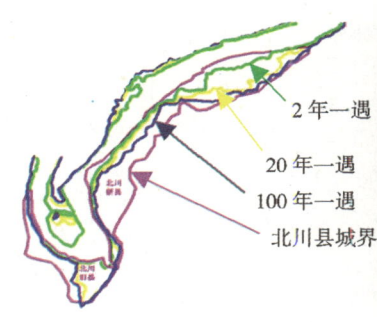

图9 不同频率洪水的最大淹没范围

4.3 敏感性分析

糙率是洪水演进计算中的基本参数，其取值对河段水深、流速的计算结果都影响较大。图10给出了北川新县城遗址2#断面和3#断面在不考虑冲刷时的不同糙率、不同频率洪水下的水深变化。总体上，不同断面、不同频率洪水下的水深都随着糙率的增加而近似线性增加。

表6进一步给出了不同断面洪水水深随糙率变化的幅度。对于水位最高的3#断面（见图8），当糙率n从0.03变化到0.05时，2年一遇洪水作用下的水深变化幅度约为1.1m，20年一遇洪水的水深变化幅度约为2.0m，百年一遇洪水的水深

变化幅度约为2.1m。对于"三羊开泰"附近的1#断面（见图5），当糙率n从0.03变化到0.05时，2年一遇、20年一遇、百年一遇洪水的水深变化幅度则分别约为0.7m、1.1m和1.5m。

表6 不同糙率下各断面洪水水深变化幅度（糙率n=0.03~0.05）

洪水重现期（年）	1#断面	2#断面	3#断面	4#断面
2	4.0~4.7	3.6~4.2	5.1~6.2	3.6~4.3
4	5.2~6.2	4.7~5.6	6.5~7.9	4.7~5.6
10	6.6~7.8	6.0~7.0	7.9~9.7	5.9~7.0
20	7.5~8.6	6.9~8.1	8.9~10.9	7.0~8.0
50	8.7~10.2	8.0~9.3	10.4~12.4	8.1~9.1
100	9.6~11.1	8.9~10.2	11.3~13.4	8.9~10.0
200	10.6~11.9	9.8~11.0	12.6~14.3	9.7~10.7

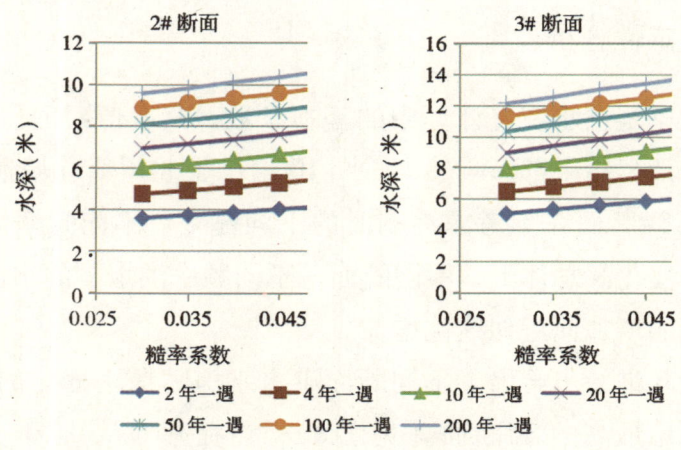

图10 水深对糙率的敏感性分析

由于水深随糙率增加而近似线性增加，可以预期，如果真实的糙率取值在0.03至0.05范围内，前文给出的不同频率洪水下的最大水深（即3#断面处的最大水深），其误差范围将分别为2年一遇洪水（0.55m），20年一遇洪水（1.0m），百年一遇洪水（1.05m）。因此，若河床在无冲刷时，即使考虑糙率不确定性的影响，4年一遇洪水的最高水位也要明显高于2年一遇洪水的最高水位，10年一遇洪水的最高水位要高于4年一遇洪水的最高水位；北川县城遗址在现状条件下遭遇4年一遇洪水的受淹程度将大于2年一遇洪水的情形。

如前文所指出，上述情形的估算没有考虑紧邻的魏家沟300万 m³ 以上潜在泥石流的影响，也没有考虑唐家山堰塞坝泄流槽遭遇滑坡泥石流堵江的影响和洪水携带泥沙对沿程冲刷的抑制作用。如果发生滑坡泥石流堵江和淤高现有河床，上述情形的估算可能是偏乐观的。但无论如何，上述计算结果表明，由于"6·10"唐家山堰塞湖溃堰洪水和"9·24"魏家沟泥石流所造成的河道淤高，北川县城遗址的防洪标准已经远低于20年一遇，甚至可能降低到不足2年一遇。

5 结论

（1）在不考虑河床洪水冲刷和泥石流淤高的情形下，北川县城遗址附近河道遭受2年一遇、20年一遇、100年一遇的洪水，其洪水位将分别达630.7m、633.9m和637.6m，分别淹没北川县城遗址的14.6%、42.5%和58.3%，北川县城遗址的防洪能力将不足2年一遇。

（2）考虑到"9·24"魏家沟泥石流对北川县城遗址附近河床的淤积影响，北川县城遗址的实际防洪能力已经远低于地震前水平，目前可能仅为2~5年一遇，大大低于国家遗址保护要求的防洪标准，需要及时采取防洪保护措施。

注释

[1] Wang GQ, Liu F, Fu XD, and Li TJ. Simulation of dam breach development for emergency treatment of the Tangjiashan Quake Lakein China. Science in China Series E, 2008, 51（Supp. II）：82~94

[2] 长江水利委员会. 唐家山堰塞湖除险关键技术研究总结. 武汉：长江水利委员会，2008

The IHDP-IRG Project and the Paradigm of Large Scale Disaster Risk Governance in China

Peijun SHI[1,2,3]*, Carlo JAEGER[5], Weihua FANG[1,3], Lianyou LIU[2,3], Jing'ai WANG[1,2,4], Shiqiang DU[1]

1. State Key Laboratory of Earth Surface Processes and Resource Ecology, Beijing Normal University,
2. Key Laboratory of Environmental Change and Natural Disaster, Ministry of Education of China, Beijing Normal University,
3. Academy of Disaster Reduction and Emergency Management, MOCA & MOE, China,
4. School of Geography, Beijing Normal University, Beijing 100875, China;
5. Potsdam Institute of Climate Impact research, Potsdam, 14473, Germany.

Introduction

In this paper, large scale disaster mean any event that has a low probability but will result in serious losses. Its major characteristic is the cause to heavy human casualties, huge property losses and wide affected scope. In view of the serious large scale disasters encountered in China in recent years, such as Hebei Tangshan Earthquake in 1996, the southern freezing rain and snowstorm and Wenchuan Earthquake in 2008, the flood in the mid and downstream regions of the Changjiang River in 1998 and the SARS in 2003, this paper defines large scale disaster as: any serious disaster causing heavy human casualties, huge property losses and wide affected scope due to any hazard once in one hundred years and which, upon happening, cannot be coped with only by the affected area through its own efforts but with the external force. Generally, such large scale

---

* Corresponding: spj@bnu.edu.cn

disaster will kill more than 10,000 persons or result in a direct economic loss of over RMB 100 billion (equal to Euro 10 billion).

Governance of large scale disaster risk is a big problem faced by the international society and also an important issue of the IHDP-IRG project. Large scale disaster risk or catastrophe risk means any disaster risk due to large scale disaster and usually creating a disaster chain. Governance of large scale disaster risk is usually the integrated governance system of a region and country for large scale disaster risk, which include the organization and commanding system, institutional assurance system, material assurance system, technical support system, emergency rescue system and social mobilization system for pre-disaster preparedness, mid-disaster emergency and post-disaster recovery and reconstruction.

On the background of the IRG project, this paper summarized and reviewed the experiences of China in coping with the recent large scale disasters and sorted out China's "whole nation paradigm" for large scale disaster risk governance, with a case study of the emergency response process of the Chinese government during the Wenchuan Earthquake of May 12, 2008.

1 Integrated Risk Governance project

1.1 The goals

The mission of IRG-Project is to improve the management of new risks that exceed current human coping capacities, by focusing on the transitions in and out of the occurrence of relevant risks. From a practitioner's point of view, the following four points require special attention: (1) to strengthen institutional capacities in the context of diagnosing the impacts of catastrophic disasters; (2) to strengthen institutional capacities to deal with collateral events which may be triggered by a main or initial event; (3) to assess as quickly as possible whether there are enough resources or not to cope with an event; (4) to assess the roles of agents in improving the entry and exit strategies.

1.2 Strategy

(1) Socio-Ecological Systems. The SES can be conceptualized as composed by the following subsystems in interaction: social, economic, ecological, and institutional. The coping capacity of the SES as a whole is

linked to the four subsystems, but human coping capacity obviously resides in the institutional, social and economic subsystems. (2) Entry- and Exit-Transitions. The transitions "in" (entry) and "out" (exit) are processes that occur before and after the hazard materializes, although in some cases they may extend in time absorbing the interval in which the perturbation manifest itself. Our focus on entry- and exit- transitions builds on previous risk experiences that are rarely intelligible without considering the communication processes which shape not only the salience, but even the very definition of what is happening. (3) Early Warning Systems. In the particular case of entry strategies, early warning is playing a great role. But it is not enough to have some early warning system in place, it is also essential to design it so as to facilitate the learning processes required to deal with the relevant phenomena. (4) Models and Modeling. IRG-Project will combine concepts and methods of a more qualitative character-in particular comparative case studies in the style of grounded theory-with quantitative approaches-in particular simulation models based on quantitative data. (5) Comparative Case Studies. A suite of case studies will be used to develop a conceptually dense theory on the basis of new observations, combined with the use of modeling and other tools. This process holds promise for innovative descriptions and explanations of key features and mechanisms-and for formulating concrete applied improvements of existing risk governance settings. (6) Governance and Paradigms. It is very urgent to develop some quasi-operational paradigms to follow for regions of some similarity in at least some of the above mentioned features. With the help of such paradigms, once a large scale disaster appears, society can take suitable measures based on previous experience.

1.3 Outcomes

The outcomes include: (1) Professional Education. In the coming decades, students of management, engineering, medicine, law, etc. will need to become "risk literate" all over the world. IRG-Project will produce teaching material for this purpose, with special attention to the needs arising not only in developed, but also in developing countries. (2) Advanced Training. IRG-Project will provide two kinds of products for advanced training in view of integrated risk governance. First, course material-both written and web-based-documenting recent advances in research. Again, researchers engaged in IRG-Project will actively participate in this kind of teaching, and they will do so both in developed and developing countries. (3) Managing Risk Occurrences. In line with the scope of governance, to improve management in the face of risks that exceed current human coping capacity, is not only relevant for government agencies, but also for agencies from the private sector, including Non-Government Organizations, and even the mass media which also deal with both the entry and exit strategies in case of disasters. (4) Managing Unacceptable Risks. The task in the face of such risks is to develop the capacity to cope with them in a responsible way, to enable people to avoid suffering as far as possible and to find meaning in coping with unavoidable suffering. (5) Learning to Learn. IRG-Project will produce a broad range of publications including journal articles, research and policy briefs, as well as a website targeted at national and international communities of researchers and practitioners. And IRG-Project will foster a culture where each researcher involved in IRG-Project produces a continuous stream of publications, rather than operating in the too frequent mode of publications arising only in selected periods of time by selected individuals.

2 Chinese paradigm of large scale disaster risk governance

The Chinese Government's paradigm of "whole nation's large scale disaster risk governance" is determined by the socialist political institution of the state, stipulated by the Constitution of the People's Republic of China, endowed by the National People's Congress, selected by the CPC National Congress and regulated by the Emergency Response Law of the People's Republic of China.

2.1 Bases for China to Cope with Large Scale disaster Risk.

The policy of reform and opening up has enhanced greatly the national strength and laid a material base for establishing the Chinese Government's paradigm of "whole nation's large scale disaster risk governance". With the living standard of people being obviously improved, the building level of people for safety protection has increased year by year and their awareness of risk governance has also been obviously enhanced, imposing new requirements for "whole nation's large scale disaster risk

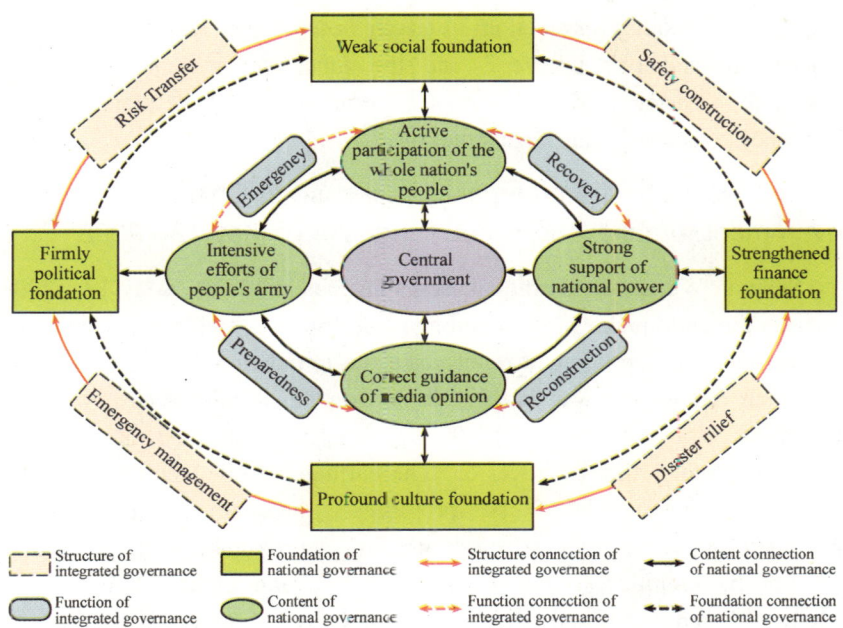

Figure 1 The Chinese Government's Paradigm for "Whole Nation's Large scale disaster Risk Governance"
(Chinese Paradigm for Integrated Large Scale Disaster Risk Governance)

governance". The sediment of cultural tradition has created the civilized merits of "one party in trouble will be assisted by all others", building up a spiritual support for the "whole nation's large scale disaster risk governance".

2.2 Contents of the "Chinese paradigm of large scale disaster risk governance"

The national system of integrated large scale disaster risk governance composed of the core role of the central government, crucial role of the people's army, assurance role of the powerful national strength, promoting role of the nationwide participation and cohering role of the media guidance.

2.3 The structural and functional system of "Chinese paradigm of large scale disaster risk governance"

The structural system of national integrated disaster risk governance composed of "safety protection, disaster rescue and relief, emergency management and risk transfer" and the functional system of national integrated disaster risk governance composed of "preparedness, emergency, recovery and reconstruction".

3 Perspective to the emergency response of Chinese government to the Wenchuan Earthquake of May 12, 2008

Sichuan Wenchuan Earthquake bursting out at 14:28, May 12, 2008 has been the earthquake with the strongest destruction, widest coverage and most difficulty for rescue and relief since the foundation of P. R. China. Wenchuan Earthquake was Magnitude 8.0 on the Richter scale, with the highest intensity of XI. As of 12:00 October 10, 2008, the main seismic area had in total 8 times of over 6. The earthquake involved 417 counties (cities and districts) of 10 provinces (autonomous regions and municipalities), with an affected area of approximately 500,000km^2, including 51 counties (cities and districts) extraordinarily affected and heavily affected, with an area of 132,000 km^2. The earthquake and induced disasters caused 69,227 dead, 17,923 missing and 374,600 injured. The disaster caused in total direct economic losses of 845.136 billion Yuan to Sichuan, Gansu and Shaanxi, including 771.717 billion Yuan to Sichuan.

The Chinese Government won a great victory by mobilizing the whole nation to respond to this catastrophe, with the major achievements in: over 1.486 million of affected persons were relocated and over 84,000 were rescued from the ruins; 4.38 million persons were cured and no major epidemic disease was observed after the earthquake; the affected people were properly settled and their basic livelihood was totally secured; emergency repair and maintenance were promptly organized and infrastructures were energetically restored; secondary disasters were strictly governed and efforts were made to avoid any further casualties; policy and guidance were enhanced and production recovery was undertaken in disaster areas; scientific assessment and planning were undertaken and recovery and reconstruction were carried out in an orderly manner according to the laws. The Regulations on Post-Wenchuan Earthquake Rehabilitation and Reconstruction and the Overall Planning for Post-disaster Recovery and

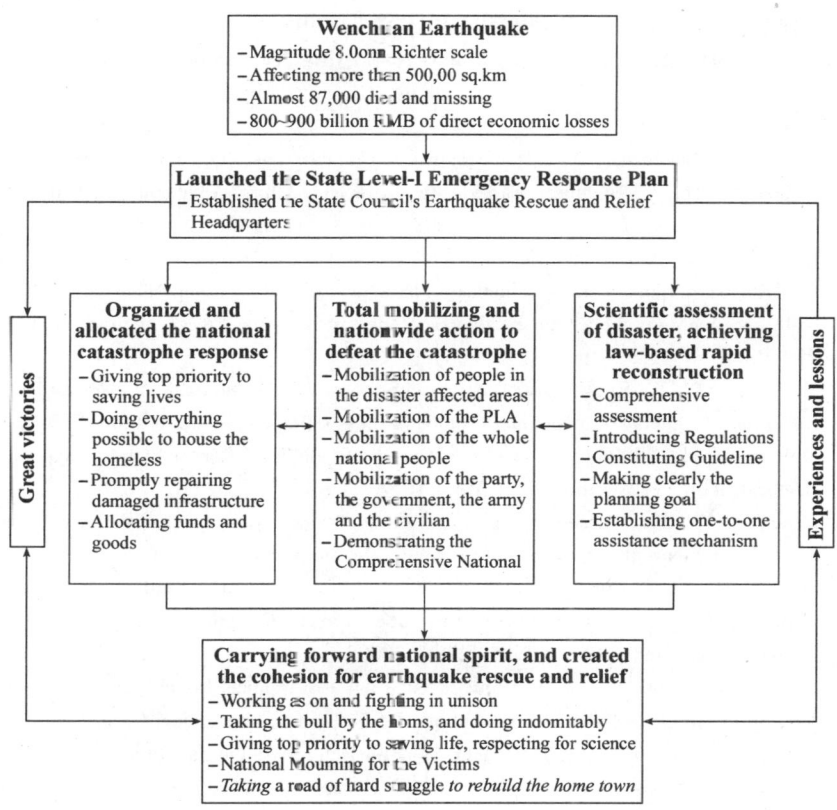

Figure 2 Framework of the Chinese Government's "National Response to Wenchuan Earthquake Catastrophe of May 12, 2008"

Reconstruction of Wenchuan Earthquake were promulgated for implementation; information was timely and accurately released, and the leadership was enhanced over public propaganda.

The major experiences include: the strong leadership and scientific decision of the CPC Central Committee and the State Council; persistence in giving top priority to saving life and scientific development; persistence in unified commanding and close cooperation; the braveness and hardworking of the army; working as one and fighting in unison of social sectors; timely, accurate, open and transparent propaganda and report, forming the great earthquake rescue and relief spirit of "working as one and fighting in unison, taking the bull by the horns, doing indomitably, giving top priority to saving life, and respecting for science".

References
1. Compilation Commission of the Wenchuan Earthquake Disaster Atlas (CCWEDA). (2009). The Wenchuan Earthquake Disaster Atlas. Chengdu Cartographic Publishing House, Chengdu, China, 208, 238 & 240~245.
2. Expert Panel for Earthquake Relief of the National Disaster Reduction Commission and the Ministry of Science and Technology (EPER). (2008). Comprehensive Analysis and Assessment on Wenchuan Earthquake Disaster. Science Press, Beijing, China, 94~102&166~173.
3. Ma ZJ. (1994). China's Major Natural Disasters and Countermeasures for Disaster Reduction (General Introduction). Science Press, Beijing, China, 170~175.
4. Mohamed G H. (2008). Large-scale Disasters Prediction, Control, and Mitigation. Cambridge University Press, New York, USA, 1~4.
5. Renn, K. Walker. (2008). Global Risk Government Concept and Practice Using the IRGC Framework. Springer, Dordrechl, the Netherlands, 3~20.
6. Shi P., Liu L. & Liu J. et al. (2008). China Wenchuan Earthquake Disaster (2008 5.12) and Its Loss Assessment. International Disaster and Risk Conference, Davos, Switzerland, August 25th~29th, 2008.
7. Shi PJ and Jaeger C (2009) Integrated Risk Governance Project Science Plan. Version of March 1, 2009. Available at: http://www.irg-project.org.
8. Shi PJ, Li N., Ye Q. et al. (2009). Research on Global Environmental Change and Integrated Disaster Risk Governance. Geosciences Progress, 24 (4), 428~435.
9. Shi PJ, Tang D, Du J. et al. (2009). Integrated Governance of Large-scale Disaster Risk: China Risk Management Report (2009). China Finance and Economics Press, Beijing, China (in printing).
10. Shi PJ. Theory and practice on disaster system research in a fifth time. (2009). Journal of Natural Disasters (in printing).
11. Yao QH. (2007) Study on Compensation Mechanism for Large scale disaster Losses-Discussion on the Roles of the Government and Market in Large scale disaster Risk Management. China Finance and Economics Press, Beijing, China, 105~111.

从南方雪灾、汶川地震等灾害看构建我国公共应急法律功效评估机制的对策和建议

民盟中央社会与法制委员会委员
民盟浙江省委法律委员会副主任　严亮奇
浙江浙中律师事务所主任

随着世界经济一体化和社会紧密化趋势的加快,危机的产生更加频繁,并成为世界各国政府的一项重要课题。当前我国社会正处于转型期,改革的深入和持续发展,给国内各领域带来机遇的同时,也带来了动荡和潜在的危机。在刚刚逝去的2008年,我国爆发了多起公共危机事件。从年初百年一遇的南方雪灾开始,天灾人祸不断,"5·12"汶川8级大地震、8月的三聚氰胺食品安全事故、"9·8"溃坝事故等等,尤其南方雪灾和汶川大地震,给国家和人民带来了巨大灾难。据大概统计,南方雪灾和汶川大地震分别给国家造成直接经济损失约1111亿元和8451亿元。[1]

南方雪灾和汶川大地震,使我国付出了巨大社会成本和代价。所幸的是这种付出唤醒了国人的危机意识,引起了政府对公共危机管理的反思,催生了我国现代危机管理机制的初步建

立。但遗憾的是，在大灾大难之后我们没有及时去检验应急法律，没有很好地吸取抗震救灾中的实践经验，使得应急法律"规定过于原则"、"缺乏可操作性"等不足之处没有得以及时完善，难以应对新的大灾大难。笔者认为，大灾大难通常是百年一遇，一旦发生所带来的危害和造成的损失都是非常巨大的。如果我们不能在经历的大灾大难中总结经验、发现问题，完善应急法律，那待下次大灾大难来临之时，我们所付出的代价将会更加巨大。所以我们应当珍惜之前从抗击南方雪灾、救助汶川地震等公共危机中所学习到的宝贵经验，建立公共应急法律功效评估机制，使我国的应急法律得以完善，真正经得起大灾大难的考验。

1 从南方雪灾、汶川地震危机处理中，暴露我国公共应急法律制度还存在诸多问题

自我国改革开放以来，为了应对各种公共突发事件，我国相继制定颁布和修订了各种应急法律法规，如《防震减灾法》、《防洪法》、《消防法》、《安全生产法》、《传染病防治法》、《突发公共卫生事件应急条例》、《突发事件应对法》等等，在法律制度的建设上应该说比较完备。但在2008年的南方雪灾、汶川大地震危机处理中，也暴露了我国公共应急法律制度仍存在诸多问题。

首先，缺少实施细则。制定实施细则是落实科学发展观推进应急管理工作及其配套政策的关键环节。但至今为止，我国《戒严法》、《防震减灾法》、《防洪法》、《消防法》、《安全生

产法》、《突发事件应对法》等相关应急法律都未制定实施细则,这不利于公共应急法律的正确具体施行。

其次,条款内容过于原则,缺乏可操作性。目前我国制定的公共应急法律,在公共危机处理、解决上,条款内容较为原则,法律法规的可操作性不强。例如《突发公共卫生事件应急条例》第三十一条规定:"应急预案启动前,县级以上各级人民政府有关部门应当根据突发事件的实际情况,做好应急处理准备,采取必要的应急措施。"[2]但《突发公共卫生事件应急条例》却没有对所谓的"必要应急指施"作出明确规定。

第三,联动机制不健全。处理公共危机并非某个部门或是政府的事情,这关系到全社会每个人的根本利益。处理公共危机,应该整合有效社会资源,联合各政府部门,相互协助,共存共荣。但危机应急法律,对公共危机发生后,政府各部门应如何分工协助,如何整合社会资源,未予以明确规定。在抗击雪灾中,一些行政机关之间的配合不够就被充分凸显出来。不仅气象、电力、交通运输等一些政府部门各自为政,忽视各自之间的协助义务,一些地区之间的协调联动也不足,导致许多社会资源不能得到较好的整合,大大降低了抗灾救灾的效率。[3]

第四,应急制度不够完善。作为一部公共应急法律,在公共危机爆发之前,不可能全面预知危机的发展轨迹,突发紧急状况在所难免。但目前我国制定的公共应急法律,未就紧急状态作出明确的实体规定和程序规定。没有规定政府在紧急状态下享有哪些权利和义务,可以采取怎样的紧急措施,如何对紧急措施予以监督与救济。对公民在紧急状态下的权利、义务的保护和限制规定也不够明确。《突发事件应对法》仅规定："有关人民政府及其部门为应对突发事件,可以征用单位和个人的财产。被征用的财产在使用完毕或者突发事件应急处置工作结束后,应当及时返还。财产被征用或者征用后毁损、灭失的,应当给予补偿。"[4] 对其他公民权利的限制、保护未作规定。

第五,权责失衡,缺少责任制约。在公共应急法律中,普遍存在"两重两轻"问题,即政府规定过重、政府责任过轻;政府权力过重、企业临时处置权规定过轻。[5] 这就在一定程度上造成权力能力的不匹配,导致权责失衡。使得一些政府部门、相关企业的工作人员在抗灾救助中,没有严格按照已有法律法规来依法办事,执法不到位,有的甚至无视法律的存在。例如:原都江堰市民政局的党组成员、副局长肖某,在灾情统计工作中,未正确履行职责,工作不认真,不及时科学统计,导致统计错误;原都江堰市市档案局正局级调研员李某,在发生灾情接到抗震救灾的命令后,拒不到单位报到;原都江堰市团结村支部书记刘某,在发生险情后,未有力组织指挥人员进行抗震救灾,却经营自己的副食店。[6]

2 从南方雪灾、汶川地震看建立应急法律功效评估机制的历史意义及立法意义

所谓公共应急法律功效评估制度,主要是指在应急法律制定以后,邀请建筑、消防、卫生、交通等各专业领域,具有丰

富经验的法律专家、技术人员，特别是那些参与过抗灾救助的人员，就应急法律是否具有实践可操作性、实用性、科学性等效能予以评估的制度。建立应急法律功效评估机制对完善我国危机应急体系具有十分重要的历史意义和立法意义。

2.1 建立应急法律功效评估机制的历史意义

2008年的雪灾和地震给国家和人民带来的伤痛是难以磨灭的。在大灾大难过后，我们不应当停留在抗灾胜利的喜悦当中，也不能只沉浸在对死者的哀痛当中。在缅怀抗灾英雄的同时，我们更应当痛定思痛，及时总结经验教训。要对灾难的发生、处理、解决，生命及财产的救助等一系列事项、问题及时进行分析、研究、考量，总结抗灾救助的经验，以及抗灾救助中所存在的不足和值得借鉴的东西。要通过这次大灾大难来检验应急法律，来完善应急法律，提高应急法律的功效。因为大灾大难今后可能还会发生，一旦发生所带来的危害和造成的损失都将是非常巨大的。如果等下次大灾大难再去总结经验、完善法律，那我们势必要付出更大的代价。所以我们应当珍惜之前从抗击南方雪灾、汶川地震救助等公共危机中所学习到的宝贵经验，邀请建筑、消防、卫生、交通等各专业领域，具有丰富经验的法律专家、技术人员，特别是那些参与过抗灾救助的人员，根据总结出来的经验，根据他们的专业知识，让他们来评价公共应急法律是否科学，是否具有可操作性、实用性。只有这样，我国的公共危机应急机制才能得以完善，才能依法维护国家和人民的权益，保证社会和谐稳定。

2.2 建立应急法律功效评估机制的立法意义

在以往，我国应急法律的制定，基本上都是参考国外的立法文献，由所谓的法学专家起草形成。在理论上确实比较完备，但在危机面前，却难以发挥应有的功效。建立公共应急法律功效评估机制，邀请具有丰富经验的各专属领域的法律专家、技术人员，特别是那些抗灾救助人员，参与应急法律功效的评估。各评估专家以之前所经历的灾难处置经验作为参考，就应急法律的科学性、实用性、操作性、规范性等功效进行评价。评估应急法律在预防突发事件、应急处理、法律责任等方面是否已经完备，各项内容是否具有实际可操作性；是否需要借鉴之前大灾大难中取得的实践经验，增加应急规定；法条内容是否与其他法律相冲突等等。专家的评估意见，可以作为修正应急法律或制定一部新应急法律的参考意见。除此之外，建立应急法律功效评估机制，也可以作为其他法律立法的成功引例，使法律真正适合我国国情和实践操作，使我国法律立法体系得以进一步完善。

3 构建公共危机应急法律功效评估机制的几点建议

3.1 成立公共应急法律专家委员会，作为应急法律功效评估的专业机构

我国《立法法》规定，"法律案应列入常务委员会会议审议，或者先交有关的专门委员会审议后，再决定是否列入常务

委员会会议议程。"[7]要建立应急法律功效评估制度，就有必要由全国人大常务委员会或国务院牵头，成立公共应急法律功效评估委员会，作为应急法律功效评估的专业机构及常设机构，专门就应急法律的实用性、操作性等法律功效进行评估。根据评估结果出具评估意见，反馈至全国人大常委会或法制委员会，作为应急法律修正案的参考依据。当然为了更加突出功效评估的专业性，在公共应急法律功效评估委员会下，可根据应急法律的属性设置如交通应急法律评估委员会、公共卫生应急法律评估委员会、消防应急法律评估委员会等多个专门委员会，作为应急法律功效评估专业机构及临时机构。

3.2 设立应急法律功效评估专家库，作为参与应急法律功效评估的专业人员

公共危机涉及自然灾害、事故灾难、公共卫生、社会安全等社会生活的各个方面，而一个人或几个人是不可能精通所有专业知识的。所以对于应急法律功效评估，有必要建立专家库，向社会或有关部门吸收精通建筑、消防、卫生、医学、救助、地质等各专属领域的法律专家、技术人员，具有一定社会经验的专业人才，作为专家库成员。根据应急法律所涉及的专业领域，挑选该领域的专家参与功效评估。例如对《突发公共卫生事件应急条例》进行功效评估，就需要从专家库中挑选通晓医学的执业律师，精通传染病防治、卫生检疫的职业医师、卫生主管工作人员、卫生专业技术人员，以及参与过之前抗灾救助的卫生行业的专业人员参加。只有这样公共应急法律功效评估机制才不会流于形式，才能起到功效评估的真正作用。

3.3 制定公共应急法律功效评估程序，使功效评估趋于规范化

要使公共应急法律功效评估作为一项制度确定下来，就应当制定一套公共应急法律功效评估程序，使评估趋于规范化。

首先，根据应急法律所涉及的专属领域，从专家库中随机抽取该领域一定比例的专家（人数一般为基数）。根据抽选名单，组成公共应急法律功效评估专门委员会。

其次，在专门委员会内部临时成立信息收集小组，负责收集应急法律的实行状况，应急法律在以往应付危机中的作用、效果，国内外处理危机的经验、措施等信息，以作为评估应急法律的重要参考依据。例如：对《防震减灾法》进行功效评估，信息收集小组就需要收集、了解当前《防震减灾法》的实行情况，社会对《防震减灾法》的看法、意见，社会公众对防震、抗震提供的意见，《防震减灾法》在以往防震、抗震灾难中所起的作用、效果，国内外在防震、抗震救灾中取得的经验、采取的有效措施等信息。

最后，根据信息收集小组反馈意见，就应急法律进行讨论、评估。对此，可先分组进行各自讨论、评估。各小组根据讨论结果各自出具评估意见，提交功效评估委员会进行汇总。功效评估委员会根据汇总情况，由全体专家进行再次讨论、评估、表决。按照少数服从多数的原则，以功效评估委员会名义出具功效评估报告。当然，如存在意见多数不统一，可先行出具初步评估报告，向社会公众广泛征求意见，或采取听证会的

形式听取社会意见。综合各方意见后，出具最终评估报告。

3.4 设立公共应急法律功效评估标准，确保公共应急法律功效评估质量

公共应急法律涉及社会多方面内容，在功效评估时，都应针对各自特点进行有效评估。但应急法律在应急、救灾、救助等多方面都有共同之处，而且都必须合乎我国的宪法和国情。为此，有必要设立一套统一的功效评估标准，确保公共应急法律功效评估质量。

首先，合宪性评估。宪法是我国的根本大法，一切法律法规都不得违反宪法的规定。为此，在对应急法律进行功效评估时，首先就要评估应急法律的合宪性。特别是应急法律中的一些公民权利的规定，是否涉嫌侵犯公民的合法权益。因为，公共应急法律大多针对突发事件或是紧急状态，在应对危机时，有时不得已要临时限制或暂停某些宪定或法定公民权利的行使。例如在2003年SARS危机中限制公民的人身自由，对部分公民进行隔离；在2008年雪灾、震灾中征用私有财产等情况。

其次，科学性评估。法律作为一种社会规范和行为规则，必须要建立在科学的基础之上。必须尊重客观实际，从政治、经济和文化发展的现状和实际需要出发，符合社会发展的实际情况，不能超越社会的发展阶段制定不切实际和无法执行的法规。因此有必要对应急法律的科学性进行评估，不能使应急法律背离"保护人民生命财产安全，维护国家安全、公共安全、环境安全和社会秩序"的宗旨，或有违抗灾救助的自然规则、

自然法则。

第三，可操作性评估。应急法律是应对危机，处理突发紧急事件的总指导，是抗灾救助、挽救生命财产的行动指南。可以说，应急法律是否具有可操作性，在一定程度上决定着公共危机能否得以及时处理解决，抗灾救助工作能否得以顺利开展。否则即使法律条款规定再完备，亦是无法操作。为此，应急法律是否具有可操作性是功效评估工作的重点。

第四，实效性评估。如果说可操作性是应急法律的"第一生命"，那么实效性就是应急法律的"第二生命"。一部应急法律除了要具备可操作性之外，还必须要有实用性，要对处理、应对公共危机，对抗灾救助起到实际的效果和作用。

4 结尾

2008年雪灾、地震的阴影还未逝去，2009年甲型H1N1流感又再次袭来。面对日益增多的自然灾害、事故灾难、社会安全等公共危机事件，在加大危机预防力度，增强应急处理能力的同时，我们还应当完善应急法律。我们应当在大灾大难后及时总结经验教训，通过大灾大难来检验应急法律。要建立公共应急法律功效评估机制，通过功效评估，来保证应急法律符合我国国情，使其具有可操作性、实用性等功效。只有这样，应急法律才能有效促进危机的正确处理、解决及抗灾救助的顺利进行；才能提高各级政府克服和控制危机的法律能力，使我国人民和国家利益得到更好的保护。

注释

[1] 曾业辉. 多难兴邦中国应急管理急速前行. 中国经济时报, 2009 - 05 - 14: 第 10 版

[2] 突发公共卫生事件应急条例, 2003 - 05 - 09 公布施行

[3] 年初雪灾暴露我国应急救灾机制诸多问题·公共应急法律如何加强应急功效. 法治政府网, http://law.china.cn/, 2008 - 04 - 01

[4] 突发事件应对法, 2007 - 11 - 01 施行

[5] 阮占江. 雪灾暴露应急机制诸多问题·公共应急法律需完善. 法制日报, 2008 - 04 - 01

[6] 刘海健. 都江堰三名领导干部因抗灾不力被免职. 新华网, http://news.xinhuanet.com/, 2008 - 05 - 19

[7] 中华人民共和国立法法, 2000 - 07 - 01 施行

参考文献

1. 应松年. 突发公共事件应急处理法律制度研究. 国家行政学院出版社, 2004 (10)

2. 计雷. 突发事件应急管理. 高等教育出版社, 2006 (3)

3. 王宏伟. 事件应急管理：预防处置与恢复重建. 中央广播电视大学出版社, 2009 (1)

4. 张维平. 完善中国突发公共事件应急法律制度体系. 中共四川省委省级机关党校学报（新时代论坛）, 2006 (2)：35 ~ 38

5. 林鸿潮. 论公共应急领域的地方"二次立法". 北京行政学院学报, 2008 (3)：82 ~ 85

6. 李万友. 反思雪灾：灾前防范比灾后抗击重要. 凤凰网李万友的个人博客, 2008 - 02 - 02

7. 阮占江. 雪灾暴露应急机制诸多问题·公共应急法律需完善. 法制日报, 2008 - 04 - 01

8. 张维平. 关于完善中国突发公共事件应急法律制度体系的构想. 中北大学学报, 2006（6）

9. 应松年.《突发公共卫生事件应急制度》的法律意义. 国家行政学院学报, 2003（4）：35

10. 傅思明. 突发事件应对法. 天津行政学院学报, 2006（3）：42

11. 张建江. 论少数民族地区应急法制建设. 新疆大学学报（社会科学版）, 2006（4）：27

12. 于安. 突发事件应对法着意提高政府应急法律能力.《国人大》, 2006（14）

13. 肖明. 公共危机意识 提高危机处理能力. 广州市继续教育通讯, 2008（4）

14. 曾业辉. 多难兴邦中国应急管理急速前行. 中国经济时报, 2009 – 05 – 14

15. 任文龙. 公共应急法律制度研究. 陕西省旬阳县人民法院网, http://www.xycourt.gov.cn/

16. 高雷. 贵州处理49名在抗灾救灾和重建中违纪渎职党员干部. 中国共产党新闻网, http://cpc.people.com.cn/, 2008 – 03 – 05

17. 张桂芹. 浅谈如何提高地方立法的科学性. 山东人大立法网, http://www.sdrdlf.gov.cn/, 2007 – 03 – 23

18. 吕冰. 汶川地震造成直接经济损失8451亿元人民币. 人民网, http://www.512gov.cn/, 2008 – 09 – 04

中国志愿者元年的回望与思考

民盟中央副主席
民盟四川省委主委　教授　吴正德

2008年5月12日，四川发生共和国成立以来破坏性最强、波及范围最广、救灾难度最大的汶川地震，中国大陆第一次有数不清的民间组织和几百万志愿者参与抗震救灾，这个志愿者群体自发集结的临时组合，是中国也是世界历史上规模空前、反应快速的民间动员。

在四川汶川8.0级大地震中，参与救援的志愿者有多少人呢？据《人民日报·海外版》当年6月份的报道，志愿者人数多达300万。在志愿者中，由各地政府、企事业单位组派的和由学校组织的大学生志愿者约占40%，其余60%便是个人志愿者，他们来自不同阶层，具有不同经历和不同价值取向的百万之众集结地震灾区，自愿为灾区同胞提供服务和帮助，令世界震动！舆论和学者称2008年为"中国志愿者元年"。

我来自四川，来自成都。在我的朋友中，就有不少的志愿者。

一位在银企工作的女士，就在震后第二天下午，自驾车到重灾区都江堰市,急切地询问抗震救灾指挥部需要什么帮助。指挥长毫不掩饰地告诉她:现在最需要敛尸袋!要500条,能不能明天给我们?为了遇难者的尊严,她不假思索就答应了:行!明天中午给你们送来。接近午夜时分,她的电话惊醒了我,我一边给她出主意,一边在想,在短短十几个小时内,一个不具有行政命令权力的女士,要搞到500条敛尸袋太难啦。我真为她担心。第二天,承诺的时间到了,电话的那一头传出她激动的声音:"敛尸袋已经按时按量送到都江堰市民政局了。刚办完接交手续……"我迷惑不解,她是不是有什么特异功能?不!是她执着的精神凝聚了周围一批人的无私帮助。

还有一位朋友的独生女儿,美丽、阳光。姑娘是成都一所大学美术专业的学生。震后第二天,姑娘给父母留下一张字条,"我到灾区当志愿者去了"一句话的道别,就只身走了。两天后,姑娘带着两手血泡和一身疲惫回到家里,倒头便睡了十多个小时。醒来后,父母关切地问她在灾区都做了些什么事,姑娘回答:"有什么事,就做什么事。"我们可以想象,姑娘和许许多多普通志愿者一样,在灾区没日没夜地干着收发救灾物资、装卸搬运、清理废墟、消杀防疫、医务护理、心理抚慰等最琐碎的事,尽管生活艰苦、余震威胁不断,但他们勇往直前。我们也可以想象,姑娘与大多数志愿者一样,有热情而无应有的准备,有愿望而无专门的技能,有行动而无有效的组织。我们甚至还可以想象,这位姑娘也许在灾区不愿消耗救灾物资为自己补充能量,无力坚持继续服务,才选择了返回。

我再讲一个志愿者组织的小事。成都的餐饮行业历来发达,汶川地震后,成都的餐饮业协会充分利用行业优势,由老板出资、出车、出餐具，厨师和服务员出技术、出劳力，成立了一个临时性的、名称统一、行动分散的"爱心食堂"，在灾后的几十天里，每天在多个餐厅里做好饭菜，然后以"爱心食堂"的名义，分别用汽车送到灾区各地，分发给灾区群众食用。这个临时性的"爱心食堂"已经具有了专业性志愿者组织的雏形。

我很感慨，我认识和不认识的志愿者们，虽然突发的自愿救助行为多少表现出应急失措与规范不力的一些弱点，但在灾难面前，他们发出共同的声音，作出同样的选择，主动履行公民责任，自觉承担公民义务，不以物质报酬为目的，自愿为社会和他人提供服务和帮助，彰显了"我自愿为社会做点儿事"的公民意识，开创了中国志愿者元年，创造了中国乃至世界历史的奇迹。

今天，数百万志愿者集结灾区实施救援的义举已经过去了一年多，回望2008年，有许多方面值得认真总结和思考。

因为中华民族文化里绝不缺乏志愿服务精神，在传统生活中常常闪烁着邻里守望、相助为乐等美德的火花。因此，在巨大的灾难来临之际，草根志愿者从民间涌现，在最需要的时候赶赴救援第一线，这一切完全可以理解而不必惊讶。可以说是汶川地震催生了世界历史上第一大规模的志愿者群体，中国公民服务意识在地震灾难面前的空前高涨，中国公民的责任意识在灾难面前空前觉醒。

在全民动员的抗震救灾中，各级政府的确发挥出了中流砥柱的作用，也正是执政党的坚强领导和各级政府的高度负责，我们才能在那么短的时间内组织起来自各方面的数量巨大的人力、物力和财力,才能在极度恐慌、满目疮痍的废墟上确保社会稳定和抗震救灾有力、有序、有效地进行。这些都是不可否认的事实。与此同时,在地震发生后较短的时间里,以红十字会、慈善会等为代表的有政府背景的社团组织迅速作出了反映,在发动社会捐助、组织医疗救助等方面都发挥了不容忽视的作用。但是,我们也注意到,由于社会组织不发达、民间团体的缺位,以及大量奔赴救灾第一线的自愿者一时因为缺少专业社团的组织引导,而未能成为政府有限资源的最好补充,致使未能在黄金时间内将更多的赈灾物资及时发放到更多的灾民手中。

民间团体的地位和作用是不可轻视的,它们是现代公民社会的组成要素。它们不仅是公民实现自我管理、自我约束、自我服务的重要形式之一,也是政府在突发性灾难事件出现后社会处于非常紧急情况下,发动组织民间力量、调动社会资源的重要辅助途径,尤其在抵御突发性巨大自然灾害的时候,民间团体更是社会应急体系的重要支撑之一,是社会动员机制的一种重要补充,具有政府组织不可替代的作用和优势。民间团体中的志愿者社团正是中华民族志愿服务精神的重要载体之一。

我国社会团体登记注册必备的法律法规现正在完善之中。虽然目前还不能在总结汶川地震救灾的经验后,在公民的责任意识高涨的基础上,尽快地、有准备地注册成立各种各样的志愿者团体,但是,建立志愿者组织,目前有三条路应该走得通,第一条路是在共青团倡导下组建青年志愿者组织,第二条路是由行业协会牵头组建专项性、专业性志愿者组织,第三条路是在社区建立志愿服务团队。这些组织和团队虽然不具有社会团体法人资格，但仍然可以在法律允许的范围内进行志愿者招募、注册；对志愿者进行培训、考核、表彰；针对志愿服务项目筹集资金和物资，包括争取政府方面的物质支持；实施志愿服务活动，建立志愿服务档案，出具志愿服务证明；倡导志愿服务理念，宣传志愿服务活动；开展与国内外志愿者组织的交流与合作；对志愿者进行安全教育，维护志愿者的合法权益，为志愿者提供必要的援助；对申请提供志愿服务的项目进行甄别和选择。

汶川地震救灾活动彰显出我国体制的特色和优势，也使我们发现了缺失、感受到遗憾。大难之后总结教训，填补尚存的缺失，尽快健全国家层面的、可以避免同样遗憾再现的相关制度，促进民间团体建设，推动中国社会整体进步，是中国知识分子应有的思考。

灾害与社会管理专家论坛丛书

地震灾害应急救援运行体系关键技术的研究

四川省安全科学技术研究院　李　文　武玉梁

地震属于不可抗拒的自然灾害，具有突发性、灾难性、复杂性和不可预测性等特点，地震灾害是对社会经济发展影响最为重要的自然灾害之一，也是我国今后一段时期面临的主要自然灾害之一，尤其是我国的城市化进程正处于"加速阶段"，作为人口、建筑、企业、交通、通讯、政治等要素高度集中的中心，其易损性更大。城市作为完整的人造系统，必须依靠道路、管道、线路、通讯等生命线系统来支撑和运行，如果其中某个环节出现问题，往往会使城市陷于瘫痪，影响城市功能的运行，造成巨大的损失，给政府应急管理工作提出严峻的挑战，考验着政府应急处置。2008年5月12日中国四川省汶川县发生了8.0级地震，导致6.9万余人遇难，约1.8万人失踪，37.4万余人受伤。这次地震受灾范围极其广泛，四川省即有20个市（州）、161个县（市、区）、3106万多人不同程度受灾。重灾区面积约10万 km^2，涉及6个市（州）、88个县（市、区）、1204个乡镇、2792万余人。地震还造成公路、铁路、桥梁、电力、通信、水利等基础设施和厂房严重损毁。目前估计，汶川大地震给四川及周边地区带来的损失可能高达5000亿元（相当于中国GDP的3%），此次大地震产生一系列连锁反应，亚洲不少国家和地区都有震感，对国际社会的生活和经济发展都会造成巨大冲击。对人们心理上的冲击也很大，这些都会造成深远的社会影响。

地震灾害造成的损失巨大、波及面广、社会影响大，灾害管理日益引起我国政府的重视，一个国家是否具备现代意义上的应急管理能力，能否应对城市灾害事件，不仅关系到国家安全和社会稳定，更关系到人民的生命财产安全，还将对整个经济社会发展产生广泛而持续的影响。深入探讨防灾减灾，提高防御能力显得尤为紧迫。

1　汶川地震灾害应急救灾协调机制的实效性

汶川大地震是新中国成立以来破坏性最强、波及范围最广的一次地震。我国的应急管理体系在此次巨灾面前成功地经受住了考验，并呈现如下特点。

第一是建立以行政首脑为核心的高效指挥机制。在最短的时间里，国务院成立抗震救灾总指挥部，由温家宝任总指挥，李克强和回良玉等任副总指挥，统一调度指挥党政军民和社会各方面的救灾部署。

第二是国家应急力量主导应急救援全过程。地震发生几小时后，中国地震局由地震专家、救援队组成的工作组已赶赴汶川灾区救援。当天下午，成都军区6100名救援人员率先赶赴都江堰等灾区开展救援工作。四川省地震灾害紧急救援队、成都军区空军直升机已赶赴汶川灾区；云南、西藏等周边省份也派出地震专家赴四川支援。公安部紧急从全国消防部队抽调消防救援力量1000人，乘飞机、火车，携带搜救犬、生命探测仪等救援工具，迅速赶赴四川重灾区实施救援。同时，公安部从天津、广州、深圳等城市抽调1000名特警飞赴四川重灾区开展抢险救援工作。

第三是社会民间资源与国家力量主动协同。

财政部在地震发生当晚即向四川紧急下拨地震救灾专项资金7亿元，截至2008年6月4日，各级政府共投入抗震救灾资金231.43亿元，其中中央财政投入186.8亿元，地方财政投入44.63亿元。

第四是灾情信息的公开和透明增强了国家整体的抗灾能力与信心，彰显了信息沟通在灾害应急中的重要作用。

地震发生不到20分钟，国家地震局就准确发布四川汶川县发生了8.0级强烈地震的信息及其影响范围，并对各种传闻加以辟谣。官方准确的资讯大大早于民间的传闻，令其真相跑到谣言和恐慌的前面。

第五是现代科技与现代装备的应用凸显了当代灾害应急救援的特点与发展趋势。

中国电信四川机动通信局2辆应急通信车开赴灾区，调配5部海事卫星电话应急指挥；四川省长途传输局4个抢险队奔赴灾区；科技部部署所属国家遥感中心的精干科研人员和设备，包括遥感飞机，奔赴灾区一线对灾区进行遥感监视，所得遥感图为抗震救灾指挥部研判灾情提供决策参考。

中国数字地震台网精确测定了地震的发震时间、震级和震中，为紧急部署抗震救灾赢得了宝贵时间。建立在全球定位系统（GPS）、地理信息系统（GIS）和遥感系统（RS）之上的中国地震局地震现场应急指挥系统，也为此次地震发生后的快速救援提供了重要科技支撑。

2　地震灾害应急的功能性缺陷

汶川地震是对中国应急救援体系的"大考"。从人力物资到管理模式，每一环节都经受着大自然强大力量的考验。此次巨灾应急救援中也暴露了一些问题，对我国的应急能力与管理技术提出了重大挑战。

第一是巨灾下各类应急预案在预见性、时效性等方面暴露出来的问题给预案的实施带来了严重挑战。

第二是救灾指挥中设立了若干多层次的临时管理机构，由于灾情的紧急和非常态管理的要求，这些机构在协同救灾中出现了行动无序和资源调配的低效率，给我国正在建设的应急管理体制提出了挑战。

第三是震灾后的通讯设施全部被毁导致通讯中断，严重影响了救灾的有效进行，这给建立在现代信息技术之上的行政管理系统和救援力量动员方式提出了挑战。

第四是应急通道的全面中断，应急物资总量匮乏与多品种物资供给不均衡之间的矛盾，使得应急物流问题如通道替代、物资调配、物资替代、物品储运与分拨等，成为摆在未来应急管理体系建设中的一个突出位置上的问题。

第五是巨灾应急救援涉及到突发公共事件的监测、预测、报警、应急救援、次生灾害控制、善后和灾后重建等诸多环节，这些环节表现了应急管理的长期性特质，也预示着巨灾后的非常态应急管理与常态下的政府管理将交叉共存，这对于我国各级政府的执政能力提出了挑战。

残酷的现实检验出应急救援体系尚存的突出问题：预防与应急准备、监测与预警、应急处置与救援机制不够完善，导致某些突发事件未得到有效预防，引起的社会危害未能及时得到控制。社会广泛参与应对工作的机制还不够健全，公众的自救与互救能力不够强、危机意识有待提高。因此，加快应急队伍和应急信息平台建设，尽快形成统一指挥、功能齐全、反应灵敏、运转高效的应急救援体系，势在必行。

3　应急运行体系的关键技术问题

汶川2008年"5·12"特大地震昭示我们，突发自然灾害应急管理的职能定位不能仅限于应急处置阶段，还必须涵盖前期的预防准备、监测预警以及后期的调查评估、善后恢复阶段，实现关口前移，把事前预防、事后处理纳入应急管理工作范畴，从事后被动型到事前主导型转变。工作的重点是做好日常的应急准备、预备和预警等基础性工作，制定科学应急预案，提高政府的突发公共事件预警和防范能力，充分实现日常预防与应急处置、常态管理与非常态管理的有机结合，实行全过程应急管理的科学运作模式。

3.1 构建应急管理高新技术支撑体系

现代社会的应急体系是基于现代信息技术之上构建的，而巨灾往往会摧毁这些基础设施，显然，不能完全依赖现代技术而应重视传统技术包括手工方式的救援技术。应尽快建立起基于3S技术（遥感、地理信息系统、全球定位系统）的公共安全数据库和网络规划，搭建城市公共安全信息管理的技术平台，为公共危机管理提供有力的技术支持。公共安全信息管理系统，在功能上应实现"综合信息与辅助决策平台"、"受理与指挥调度平台"、"科学研究网络平台"和"安全信息和咨询服务平台"等四大功能。

3.2 强化事中快速反应机制

当突发自然灾害发生时，各级各部门应根据属地管理和"谁主管，谁负责"的原则，快速启动应急预案。各级政府要切实负起统一组织领导应急处置工作的职责，迅速成立抗灾抢险工作组，整合各种力量，组织广大基层干部、人民解放军、武警、民兵预备役官兵和公安干警，全力以赴解救被灾害围困的群众，紧急转移安置群众，尽最大的努力把灾害损失和人员伤亡减少到最低限度。

要加强信息报送工作，加大应急平台和信息网络建设力度，全面推进，"110"、"119"、"122"三台合一，并与急救、市政等紧急信息接报平台进行整合，形成统一、高效的应急决策指挥网络，实现"统一接报、分级分类处置"。要进一步健全应急协调联动机制。各级各部门要在加强本部门的应急管理，提高快速反应能力的同时，加强部门之间、相邻地区之间的纵向和横向的配合协调，建立健全应急处置的联动机制，明确各方职责，确保一旦有事，能够有效组织、快速反应、高效运转、临事不乱，共同应对和处置突发公共事件。

3.3 完善事后迅速救援机制

针对不同灾种，不同危险源，不同事件而需要不同的专业技术进行应急处置。现实实践对应急专业技术及其选择策略的渴求，显示出相关领域研究匮乏的现状。这主要体现在以下几个方面：

第一是完善专业应急救灾技术的开发和系列技术产品的研究。包括探测、搜救、特殊通信、报警、影像识别、危险源识别等关键技术。

第二是配备专业应急救灾工程装备与工具。如专业挖掘、起吊和特种医疗设备。

第三是专业应急资源与物资的配置与替代技术。应急救援中涉及大量的物资调配和储运分拨，灾害的发生将会对常态下的储运方式和配置方式产生破坏性影响，因此，迫切需要关于应急物流中交通替代、物资替代、物品配置、均衡分拨等技术的研究。

第四是心理干预技术。突发事件中的极端环境条件使人民群众受到惊吓，灾后受伤灾民及其亲属产生心理疾病，特别是受灾儿童的心理康复，需要专业的和长期的心理辅导与救助。

4 结论

防震减灾是国家公共安全的重要组成部分,地震灾害管理具有复杂的、动态的、不确定的特征。加快防震减灾事业发展,为了对被困人员实施高效有序的救援,除了要确保紧急救援队伍反应迅速、机动性高和突击性强之外,同样重要的是要配备必要的高新救助技术设备。先进的救助技术与装备是提高救助成功率,最大限度减轻人员伤亡的技术保障,同时还要形成以政府控制为核心,以专业救援和社会参与为支撑的"铁三角"应急救援模式,为今后有效防灾减灾,最大限度的减少地震灾害造成的损失,为尽力提高减灾的社会经济效益,为促进经济和社会持续、稳定、健康、协调的发展起到有益的作用。

参考文献

1. 范维澄. 国家突发公共事件应急管理中科学问题的思考和建议 [J]. 中国科学基金,2007(5):12~15
2. 万军. 面向21世纪的政府应急管理 [M]. 北京:党建读物出版社,2004
3. 王绍玉,冯百侠. 城市灾害应急与管理 [M]. 重庆:重庆出版社,2005
4. 计雷,池宏,陈安. 突发事件应急管理 [M]. 北京:高等教育出版社,2006:26
5. 刘传正. 四川汶川地震灾害与地质环境安全 [J]. 地质通报,2008(11):1907~1911
6. 佘廉,雷丽萍. 我国巨灾事件应急管理的若干理论问题思考 [J]. 武汉理工大学学报(社会科学版),2008(04):52~55

有关建立我国重大灾难及危机的心理卫生服务系统的建议
——有感于汶川再孕妈妈无明显原因流产及死胎

西安交通大学医学院第一附属医院　李　晖

"5·12"地震使四川汶川地区产生了许多失去孩子的母亲，为缓解失去孩子内心的伤痛，她们中的部分妈妈已经再次怀孕。从四川省计生部门了解到，灾后的四川，计划再生育的家庭有1600多个。目前为止，已经有1000多个家庭建立了生育档案。近期报道，北川县（地震中心）再孕妈妈出现无明显原因流产及死胎，初步调查与心理应激有关。

对突发性灾难性危机事件的心理研究表明，各类突发性危机爆发常常引起各种非理性的情绪和行为反应，如恐惧、抑郁、愤怒、激动、沮丧等负面情绪，甚至有自杀等极端行为。一些重大灾难事件还会引起明显的心理痛苦，严重的可引起急性应激障碍、创伤后应激障碍、抑郁障碍、各种焦虑障碍、物质滥用（药物和酒精依赖、成瘾）等，而且，灾难事件对人心理健康可能是持久而广泛的。

1935年，生理学家塞里（HanSelye）提出了应激学说。

认为应激是机体对不同应激刺激的一种非特异性反应。这些反应致机体内环境稳态被打破，导致机体功能失调，出现了焦虑、头痛、血压升高等一系列症状而最后导致心身疾病的产生。妊娠期妇女作为一个特殊人群，她所遭受的不良刺激我们统称为产前应激。目前，北川县仅报道再孕妈妈流产及死胎。殊不知，我们的研究发现，产前应激可引起子代成年后的行为学改变。如：孕母的"紧张焦虑"容易造成孩子出生后情绪稳定差，探究行为减少、学习能力下降；孕母的"极度恐惧"容易导致胎儿血管收缩，降低血液供应，严重的会导致胎儿大脑发育畸形等。唐山地震后出生的婴儿的研究也证实了母亲的心理健康状况会影响胎儿的发育，以及成年后的心理健康。因此呼吁：再孕妈妈的心理健康状况亟待社会各界关注。它不仅仅正在影响母亲本身，而且正在影响着我们的下一代。再孕妈妈群体心理问题，仅仅是重大灾难事件人群中心理问题的缩影。

　　地震瞬间使灾区再孕妈妈在短时间内完成角色转换：母亲——灾民——孕妇——准妈妈；而情感转换尚不能完成由哀伤忧郁转为轻松愉悦。被动频繁的角色转换，让她们无以应对；同时扮演不同的角色，让她们无所适从。失去孩子的母亲所遭受的创伤程度比其他任何群体都更加严重，哀伤期较一般创伤人群更长、体验更深刻。

　　发生重大灾难事件后，积极的心理干预具有不可低估的作用。许多发达国家对灾民和救灾人员进行心理干预的经验已经证明，能够防止或减轻灾后的不良心理社会反应，避免心理痛苦的长期化和复杂化促进灾害后的适应和心理康复。

西方国家从理论到实践已具备了一套完备的应付社会危机的预警机制和有效的应对之策。与国外成熟与完善的心理干预工作相比，我国心理干预工作显得相当薄弱。从20世纪90年代才开始相应工作。SARS之后才逐步受到重视。随着人们对生活质量要求的提高，人们对心理咨询工作的接受，可以预见，心理干预将成为一项不可缺少的心理卫生工作。但是，目前我国的心理干预与国外发达国家相比仍有较大差距。就四川汶川地区地震后心理干预工作的现状可看出我国现存的问题。

1　问题

　　（1）心理干预工作处于自发状态，工作较零散、不系统，心理干预尚未形成有组织的网络，没有相应的专业协调机构，政府对心理干预工作的重视略显不够。

　　（2）专业人力资源缺乏，水平参差不齐，整合程度不够。我国各类自然灾害平均每年使2亿人受到程度不等的影响，加上人为事故、交通意外、暴力事件的受害者，构成一个不能忽视的巨大群体。综和国内外研究结果表明，人群经历灾害后各种心理障碍的发生率平均增加17%。与社会对心理干预的需要相比，现有资源显得更为匮乏。国外从事心理干预人员主要是受过专业训练的心理辅导与治疗师、社会工作者和精神科医生等，而我国主要是心理学和精神卫生学家，目前这类人力资源远远不能满足社会的需要。汶川地震发生后，全国许多心理援助志愿者奔赴灾区给受灾人员进行心理干预，由于干预人员较少受到灾难、危机和创伤治疗的系统训练，不但没有达到预期效果，反而在灾区形成人见人怕的局面，甚是尴尬。

（3）卫生系统对重大灾难事件心理干预现状的实证调查处于空白。尽管我国一些机构开展重大灾难事件的心理干预工作，但由于种种原因及经费问题而终止。致使我国心理干预模式的研究相当薄弱。一些发达国家已经建立不同的危机干预模式，如美国、以色列、俄罗斯、日本等，在美国的"9·11"事件、俄罗斯歌剧院人质事件中，心理干预网络发挥了巨大作用。而我国心理干预尚处在起步阶段，缺少系统的理论与技术。

2 建议

建立比较完善的国家重大灾难及危机的心理卫生服务系统，在此基础上逐步建立心理援助法。

不能总让灾难推着心理康复走，在我国经济处在高速发展阶段时期，社会保障制度也应随之健全，同时心理干预也是衡量一个国家精神文明程度的标准。目前我国还没有建立重大灾难及危机的心理卫生服务系统，同时也是世界上没有为心理援助立法的12个国家之一。为此，特建议如下，供参考：

（1）卫生系统是进行灾后心理干预的主力军

建议由卫生部牵头，在全国划分为几个有代表性的区域，对每个区域都采取分层抽样的方式，确定涉及卫生系统的部门与级别，以及涉及的人员。

（2）建立全国重大灾难及危机四级心理干预网络

建立以省级为龙头、市（州）为依托、县级为重点、社区（乡镇）为基础的四级心理干预网络。通过调查及访谈了解各部门、各级人员对心理干预了解程度及主观认识。利用现有医疗服务机构，完善公众灾前感知、灾后心理反应与心理重建测量指标体系与方法，完善心理学的人与环境关系理论，弥补理论与实践的缺陷。一旦发生灾难事件，心理咨询与治疗人员可以进行及时的心理援助或心理干预。

（3）界定"重大灾难事件"，培训相关专业人员上岗。

在启动心理干预网络时，首先需要对"重大灾难事件"进行界定。在四级心理干预网络支撑下，科学开展心理干预专业人员培训，参与心理干预人员必须持证上岗。合理分配心理卫生资源、有效实施心理干预提供建设性意见，为心理援助法建立提供理论依据。

（4）建立全国心理干预三级专业指导网

危机干预也有自身的风险，虽然危机干预越早越好，但又不能过早。过早干预不仅浪费有价值的资源，而且会干扰受害人的自然康复机制。因此，需要建立专业指导网。

第一级指导网是由受过专业训练的专业人员（心理学和精神卫生学家）组成，第二级指导网是由心理辅导与治疗师组成，第三级指导网是由社会工作者及心理援助自愿者组成。

灾害与社会管理专家论坛丛书

从"5·12"地震救援谈发挥慈善机构在社会应急管理中的重要作用

四川省民政厅副厅长
省慈善总会副会长　张　力
民盟四川省委副主委

2008年5月12日发生的四川汶川特大地震，是新中国成立以来破坏性最强、波及范围最广、救灾难度最大的一次地震。

地震发生后，党中央、国务院高度重视，胡锦涛总书记、温家宝总理等中央领导亲临灾区第一线指挥，迅速做出部署，举全国之力抗震救灾。全党全军全国各族人民众志成城，各人民团体以及社会各界全力支援，各方志愿者自觉参与，港澳同胞、台湾同胞以及海外华侨华人踊跃捐助，国际社会积极施援，形成了抗震救灾的强大力量。同时，"5·12"汶川特大地震也历史性地把我国慈善机构推到了社会应急管理的前台。面对突如其来的特大灾害，全国各级慈善机构作为强大救援体系中的重要组成部分，在各级党委、政府的领导下，快速反应，迎难而上，百折不挠，紧急动员社会力量捐助，有效实施灾害应急救助，帮助解决受灾群众的基本生活，强力推进灾后恢复重建，有力维护灾区社会稳定和人心安定，为夺取抗震救灾的重大胜利作出了积极贡献，发挥了重要的作用。

下面，结合参与"5·12"抗震救灾的体会，谈一谈慈善机构在协助政府进行社会应急管理和参与应急救援时无可替代的优势和积极作用，并就存在的问题提出建议。

1 政府应有效动员慈善机构参与社会应急管理

一般认为，社会应急管理主要表现为一种政府行为。这是因为当危机突发时，政府能以最快的时间、最大程度地整合社会有限资源，集中统一地解决危机突出问题，恢复社会秩序。但是，当自然灾害和突发危机事件应急救助达到一定的程度就需要全社会的共同施救，这已成为现在我们所称的社会应急管理的共识。现代社会治理理论也认为，在现代社会的公共管理过程中，政府与市场一样都存在着固有缺陷，在"看不见的手"与"看得见的手"之外，还有"第三只手"即公民社会，公民社会的成熟是弥补市场缺陷和政府缺陷的重要途径。在成熟的公民社会，慈善机构在自然灾害和突发危机事件应急救助中能发挥独特的作用。一是慈善机构的帮困活动拓展了政府社会保障工作的范围，帮助解决部分弱势群体生活中的一些基本需求，有利于社会稳定，促进社会和谐，在一定程度上减轻了政府社会保障的压力。二是慈善机构的公信力具有很强的民众动员能力，慈善机构组织民众参与社会应急管理和应急救援，将民众从事件的旁观者或受害者成为事件的参与者、管理者，使其心理角色发生转换，起到减轻心理压力、稳定民众情绪、树立共同信念的作用，有利于他们对政府危机管理工作的理解、支持与配合。三是慈善机构在经济全球化和社会多元化的条件下可起到整合部分社会资源的作用，特别是为海内外各种有爱心的非政府组织和个人参与应急救援构建了爱心平台和活动舞台。汶川"5·12"特大地震发生后，在党和政府的坚强领导下，全国各级慈善机构迅速投入声势浩大的抗震救灾工作中，为政府应急动员令尚不能涉及的大量社会个人和团体搭建了表达爱心的平台，提供参与灾害救助的活动舞台，客观上为政府的应急救助管理部分承担了募集社会资金和组织社会力量参与灾害救助的任务，据有关资料估计，全国为抗震救灾募集的款物达到1000亿以上，直接到灾区参与自愿服务的人群达到100万人次以上，为夺取抗震救灾的全面胜利做出了积极贡献。

　　这次抗击汶川特大地震灾害的实践就是我国社会应急管理机制的一次成功实践，其中有三个极其鲜明的特点，一是党和政府的反映快速、强力、有效，二是抗震救灾信息报道及时、充分、公开，三是公民社会的积极参与。在历次灾害面前中国政府一直都是强有力的领导者、组织者和指挥者，而在这次伟大的抗震救灾斗争中，中央领导亲临灾区第一线指挥，迅速做出部署，举全国之力抗震救灾，全党全军全国各族人民众志成城，各项工作紧张而有序地展开，政府快速、强力、有效的特点显得尤为突出，充分的体现了我国政治制度的优越。同时抗震救灾的最新情况也在同一时间通过各种媒体向社会公开发布，这种开放与透明在我国救灾史上达到了前所未有的水平，对凝聚民心，鼓舞斗志，增强政府公信力发挥了巨大作用。也正是在媒体的有效配合下，政府的有效指挥和动员迅速变成为全国各人民团体以及社会各界的全力支援，各方志愿者积极参与，港澳同胞、台湾同胞以及海外华侨华人踊跃捐助，国际社会积极施援，充分体现了我国改革开放所取得的伟大成就和公民社会的日益进步并逐步走向成熟这一新特点。抗击汶川特大地震灾害的成功实践说明我国的社会应急管理和应急救援工作已提高到了一个新水平，我国慈善机构作为政府社会应急管理应急救援工作的得力助手，可以最大限度发挥其重要的作用。

2 慈善机构参与社会应急管理存在的问题及建议

改革开放以来，随着我国的经济体制和政治体制改革的深入推进，我国的社会应急管理也呈现出一些新的特点。从发生范围和频率而言，呈现多元化和常态化特点，除传统的自然灾害和生产性危机之外，突发公共安全事件、突发公共卫生事件等日益突出；从诱因来看，公共危机日益复杂化和多样化；从传播速度来看，在当今交通日益便利，电视、电话、互联网日益发达的今天，公共危机的各种信息传播速度加快；从波及范围而言，在经济全球化和世界一体化的形势下，公共危机影响日益国际化。这种情况下，社会应急管理仅靠政府单兵突进，没有成熟的公民社会参与，特别是各种慈善机构的合作是很难取得良好效果的。

为更好的发挥慈善机构在我国社会应急管理中的作用，提出如下建议。

第一，政府应加大对慈善事业发展的支持力度。随着30年的改革开放，我国慈善机构的发展有了长足的进步，但总体仍面临着自身力量不足、社会公信力不高、应急能力不强等问题。政府应极力培育和发展慈善机构，甚至给予必要的人、财、物的支持，注重合理引导、严格监管措施，使其在社会应急管理和应急救援中发挥更大的作用。

第二，建立和完善社会应急管理总体预案。最近几年，我国各级政府及有关部门都普遍建立了应对自然灾害和突发公共事件的应急管理预案。但是，这些预案一般都没有把慈善机构或其他非政府组织作为可以利用的力量写入预案管理的内容。建议各级政府要逐步完善应对自然灾害和突发公共事件的应急管理预案，将合法登记的慈善机构或其他非政府组织作为可以利用的力量写入预案，并规范其行为。

第三，建立和完善有关法律和法规。目前，慈善机构或其他非政府组织参与应急救助活动缺乏必要的法律和法规的保护和规范。比如，①捐赠款物的税前抵扣问题。现在只有省级以上的慈善机构有税前抵扣的资格，同样的爱心捐赠由于制度的规定缺陷而享受不同的待遇，不利于慈善文化的普及和慈善事业的发展。②慈善机构的活动成本问题。慈善机构开展应急救助活动肯定是需要成本的，但是，目前对慈善机构的活动成本及成本的构成没有明确的规定，既不利于社会对慈善机构的监督，也不利于慈善活动的开展。③参与应急救助活动自愿者的组织问题。目前，对慈善机构组织自愿者参与社会应急救助活动缺乏必要的法律和法规的规范，对慈善机构和自愿者本人应承担的义务和责任没有明确的规定，不利于事后纠纷的处理。

④境外慈善机构和非政府组织来华活动问题。目前，我国对境外慈善机构或其他非政府组织来华参与应急救助活动缺乏必要的法律规范，这既不利于我国慈善机构开展国际交流与合作，也无法规范这些机构的在华活动，等等。建议尽快制定我国的《慈善法》及相关的法规，保护慈善机构的合法权益，并规范其行为，促进我国慈善事业健康发展。

第四，建立和完善财务管理机制。我国政府对慈善事业高度重视，加之我国现代慈善事业起步较晚，很多慈善机构都或多或少的带有政府的烙印。但是，必须严格区分慈善机构接收的捐赠款物和政府管理的财政资金。由于救灾款物数量多，接收捐赠多元化，怎样管好、用好救灾款物，是社会关注的热点。慈善机构必须保证捐赠款物接收、管理、使用的公开与透明，充分尊重捐赠人的意愿，给社会以明白的交待。政府也不能将慈善捐赠款物当作财政资金管理，将慈善捐赠款物用于弥补财政资金的不足，随意改变捐赠款物的使用方向。

第五，建立应急信息互通平台及协调机制。在社会应急管理和应急救援中政府部门与慈善机构所发挥的作用是不同的，信息的及时披露和有效沟通在应急工作中非常重要。政府主导，考虑的是全面的政策及服务，而慈善补充，只能根据自身力量在局部开展活动。由于双方所处的地位不同、思考问题的角度不同、处理问题的手段不同，如双方信息沟通不够或没有协调的平台和机制，可能造成资源的浪费和群众对政府政策的误解。各级政府应与慈善机构建立互助合作机制，使其在社会应急管理和应急救援中发挥各自优势，让有限的资源发挥更大的效益。

探索灾后乡村产业重建的中国模式

民盟四川省委副主委
西南财经大学 MBI 教育中心主任 教授   易敏利

西南财经大学 MBI 教育中心副教授   张劲松

灾后重建，是灾区人民现阶段面临的紧迫课题。重建具有多方面的内涵，但是，首先是灾区人民生活赖以依托的产业重建。没有稳定、自足的产业保障其生计，继续依靠外部援助，就难以建立真正的生活自信心。灾区人民的产业重建得到了政府和社会的大力支持，中央政府不仅在地震发生后很短时间内就投入数百亿灾后重建资金，而且，今年又进一步落实了2009年春天全国"两会"关于对灾区重建的3000亿元投资的承诺，其中用于四川的2203亿元，已经完全到位。另一方面，全国开展了对口支援，调动各省人力财力资源支持灾区建设，大大加快了重建进程。原计划3年完成的重建任务，将提前在两年内完成。同时，灾区本地产业因为有国家政策的支持和地方政府的努力，顺利得到恢复。这不仅在较短时间内使灾区人民的生活得到恢复，而且也使灾区民众在当前经济不景气条件下获得就业机会，生计得到保障。

需要指出的是,从中央到地方,包括对口支援,所展开的这些产业重建,主要是以项目建设为载体,在这些项目建设完成后肯定会给当地人民生活带来巨大帮助,同时在建设期间,也将对当地就业和需求拉动等带来积极影响。不过,同样要看到的是,这次四川"5·12"大地震对受灾城市及其乡村地区都造成巨大破坏,特别是对受灾地区普通城市和乡村群众的经济生活均造成巨大破坏,广大的灾区乡村普通群众的生计及其产业的恢复和重建,面临极其艰巨的任务。在我们就受灾乡村产业重建的专题调研中,看到受灾乡村群众在地方政府领导和推动下,积极利用对口支援单位的各种帮助,充分发挥了乡村群众的主动创造精神,积极探索各种结合本地特点的富有成效的乡村产业重建模式,取得了明显的成效,给我们以极大启示。

1 农业示范园推广模式:"示范+辐射"

位于绵竹九龙镇沿山公路旁的高效农业示范园,是作为对口支援地江苏与四川绵竹当地政府和村民共同创造的,既有科学示范和种植培训意义,又具有园林观光旅游开发经营功能的乡村重建项目。项目由江苏镇江农科所具体承建,引进了江苏最优秀的专业人才和最先进的种植技术,实行交钥匙工程。绵竹市政府负责核心区土地流转、农户搬迁、青苗赔偿等工作,项目核心区面积规划为300亩,土地流转经费每年每亩黄谷800斤,示范区面积5000亩,辐射区面积5万亩,以绵竹市现有梨产业和生猪产业为基础,引入比较适宜的果蔬等优良品种，嫁接江苏比较成熟的先进生产技术及管理经验，用3年左右的时间，按照"做给农民看、带着农民干、帮着农民销、实现农民富"的理念，边建设、边培训，协助绵竹农技人员和农民，尽快掌握先进的农业技术及示范园经营管理的先进理念，稳步提高农业综合生产能力，力争3年后绵竹农业产业竞争力有较大幅度提升，绵竹农民务农收入水平有较大幅度提高。

绵竹高效农业示范园从2008年8月实施建设，目前江苏省级财政投入资金2155万元，绵竹市财政投入300万元，共计投资2455万元，为绵竹灾区进展最快的一个项目。到现在为止，该项目已完成园区临时办公场所建设，示范试验基地的土地整理，作业道路水系建设，围网建设，开沟埋肥及梨、桃、葡萄、核桃、柿子、草莓等作物的栽种工作，已经搭建好生态养殖棚舍，用发酵床养猪、养鸡。为实现江苏技术绵竹化，绵竹市农业局4名技术干部进入示范园，与援建技术人员、农民劳模同吃、同住、同学习、同劳动。40名土地流转的农户在示范园区边工作边学习，一天收入40元，还可以兼顾家庭。江苏还邀请本省草莓大王、养猪大户、农业专家到九龙镇开展现代农业知识讲座，取得较好的效果。按调整后的工期计划，项目将在2年内完成，移交地方后，德阳市拟将此示范园设为公益性农科所，进行特色农业研发，加强管理，继续发挥对周边地区及同类型区很强的引导与示范辐射作用。

高效农业示范园项目的产业重建价值体现在：第一，这一项目把对口援建单位的支持与灾区群众的长期生活直接联系起来。农业示范园项目以灾区农民未来生计依托为出发点，援建单位的投入也依此来安排，如专项建设资金、种植项目的选择和技术的投入等，有名的"园竹"、"草莓"、"葡萄"大王，其中包括七十多岁的农业专家赵亚夫，他作为全国人大代表，2006 到 2007 年 CCTV 年度人物，曾先后十七八次去日本进行技术交流，带回来很多好的农作物品种和先进技术，通过经营示范、技术传授、更新观念加以推广。第二，这一项目兼顾了短期内灾区群众的生计与未来更大范围农村产业的发展。在项目建设期间，出租土地的农民可以从土地收入和农科所聘用收入中获得维持现在生活的费用。第三，这个项目还把农产品市场化经营与灾区农民技术培训结合起来。农业示范园建成后的具体运作模式也许还是一个有待探讨的问题，但是，可以肯定的是，这种模式应该是与市场化导向，产业化运作并行不悖的。对于当地农民来说，近期是学技术，长期则学会市场化经营。现在，对口援建单位把江苏先进的农业发展模式手把手教给灾区农村，带动灾区农户发展高附加值农副产业。这些举措对于灾区乡村产业的重建都是有着深远影响和意义的。

2 棚花村农村年画传习所模式："市场 + 农户"

绵竹遵道镇棚花村是中国著名的"四大年画专业村"之一，棚花村的年画传习所是依托这一民间非物质文化遗产而建立的农村年画的研究、宣传和推广基地。棚花村把农房重建与年画这一独具特色的乡村文化结合起来，推动农家乐发展。这样，就形成了棚花村以本地特色文化产业为基础，结合乡村特色文化产品销售和特色农家乐发展的乡村产业发展路子。

绵竹年画起源于我国唐代,是享誉国内外的"中国四大年画"之一。过去,大量的年画绣品要通过中间环节才能转卖出去,现在地方政府专门修建了"年画传习所",将经营绵竹年画的几十家制作商集中到这个传习所来,形成更大的规模效应和推广效应,并通过年画"展示月"活动,既可以扩大影响,又可以广泛听取制作商与客户的意见,推动这一乡村文化产业更好发展。占地 $2800m^2$ 的年画传习所,作为政府搭建的平台,它主要承载两个功能:一个是重要的年画交易场所,另一个是年画技艺传授基地。

作为一个有管理的年画交易场所,主要提供年画交易的平台,使买卖双方减少信息不对称和信用甄别成本,加快收买、收卖活动;通过年画艺术展示,艺人与游客互动,由老艺人带领游客亲身体验年画制作等,方便游客有针对性地采购当地特色旅游产品,促进年画销售。更重要的是,这样不仅缩短了从生产到销售的距离,而且通过年画传习所,可以把目前散落分布的民间画坊和艺人们集中起来,以展览、出售年画为依托,进行规模化经营,做大做强年画企业,倾力打造上游的原创研发、中游的生产制造以及下游的销售发行的年画文化产业链。另一方面,作为技艺传授基地,主要通过开展年画技艺传播、学习和培训,培养绵竹年画生产的后备军。震区农户免费在见习所学习刺绣年画、陶板年画、金丝年画等精品年画的制作,对懂年画技术的农户,可在见习所年画公司上班或接受年画公司的订单进行家庭作坊生产,兼顾家庭、农活和工作。就现阶段看,当地有 40 余位从事年画刺绣的村民,通过家庭式工作,通常一幅年画能赚到两三百元。年画对当地从业人员的收入贡献已经占到大约一半,给普通画工每年带来约3000元收入增加,给老画师、老艺人带来数万元收入,由于年画制作分散,又属于艺术、文化类产品,手工作业比重大,个性化色彩浓厚,人工费用在年画的制作成本中占主要部分,再加上老艺人数量的刚性供给,因此,虽然目前绵竹有接近一百多家制作商,但产值过百万上规模的却只有五六家,还有比较大的市场空间。

棚花村年画传习所模式的意义在于,没有就年画来发展年画,而是把年画产业的发展与棚花村的农房重建结合起来,由此延伸出具有自己特色的农家乐产业,其实质是把农户与市场拉得更近了。遵道镇棚花村将本地年画这一乡村文化产业,融入到社会主义新农村建设之中,着力打造"年画村",每户年画装饰均是年画艺人根据农房的外形大小和特点专门设计,题材丰富,形式多样。如今由年画延伸出发展乡村度假休闲产业之路,使游客在此感受到年画之乡独具特色的农家乐。据介绍棚花村这种与众不同的"年画农家乐",一般每户1年纯利润可达1万元以上。以年画这种乡村文化为特色的农房重建及其相应的农家乐,反过来又对年画产业产生了推动作用,年画传习所的不少年画作品就是来到棚花村农家乐度假休闲的游客买走的。

3 玫瑰园旅游度假区开发模式:"公司+农户"

绵竹市土门镇沿山的天宝村、麓棠村,在"5·12"特大地震中人员和财产损失惨重，96%的农房倒塌。在社会各界的关心和支持下，由四川金玫瑰生态农业有限责任公司投资建设面积达1万亩的"国际油用玫瑰产业化基地暨国际玫瑰产业博览园"项目顺利落户两村，通过整合土地资源，发展大农业解决农户灾后产业发展和增收问题，其具体项目载体是国际油用玫瑰产业化基地暨国际玫瑰产业博览园项目。

绵竹土门镇的乡村产业重建，主要以国际油用玫瑰产业化基地暨国际玫瑰产业博览园项目为内容，实际上包括三个子项目，每个项目都由一个龙头企业或准龙头企业牵头以带动；两个项目的实施，共同促成了浑然一体的整体开发模式。其中项目之一是"国际油用玫瑰产业博览园"的建设，引入知名企业，专门从事提取玫瑰精油、玫瑰胶囊、玫瑰花露水和玫瑰黄铜等高附加值生产的公司，玫瑰园的形成将为土门镇带来繁花似锦、适宜休闲度假的外部经济效应，加之当地村民的农房在地震中被毁，在重建规划中适应玫瑰种植的需要，采取了集中重建，这样就有可能适应玫瑰园建设来进行规划，把乡村度假概念融入规划中。因此，土门镇政府利用玫瑰园所蕴含的旅游观光价值，规划了十几个点集中安置当地农户，同时引进酒店集团，将村民安置点打造为微型乡村酒店，由此形成土门乡村产业重建的第二大项目。第三个项目是依托当地的自然垄断资源，得天独厚的天然温泉，开展特色温泉会所，使整个博览园锦上添花。三个项目浑然天成，形成其特有的集一、二、三产业于一体的乡村产业重建模式。

绵竹土门镇采取的具体运作模式是：成立两个玫瑰专业合作社，村民按土地面积入股合作社；合作社与公司签订合作协议，按每年750斤黄谷/亩保底与合作社进行非建设用地流转，避免公司与众多农户直接打交道的尴尬局面。通过二次分红，保障农户在深加工产业链中获得收益，同时农民也可在公司上班取得劳务报酬。按照规划设计方案，灾区农户进行集中安置，由公司每户补助60%的建房款，其住房依据公司的要求进行设计和装修。公司和政府对地震毁损农户的补助款，基本能解决农户住房资金难题。对建房资金确实困难的家庭，由公司担保贷款，在今后的乡村旅游收益中偿还。

作为项目建设的根本和灵魂，以大马士革Ⅲ系油用玫瑰和法国普罗旺斯薰衣草为代表（还包括名特优新粮油蔬果类农产品）的芳香植物种植加工是项目的基础产业。根据计划，项目核心区基础产业建设规模约1万亩，总投资约3亿元。目前，芳香植物种植已经进入实施阶段，玫瑰种植面积已经达600亩，计划今年年底种植面积将不低于3000亩，温泉会所将于2009年8月营业，农房建设也进入具体实施阶段。此外，年底在两村农房重建基本完成后，金玫瑰公司将把以芳香植物种植加工为基础景观的休闲观光旅游产业开发作为项目建设的核心和重点。项目规划了独具特色的生态休闲观光景点近二十处，计划总投资约10亿元以上。

该项目不仅解决了农户灾后建房难问题，还把产业发展与灾后重建紧密结合，赋予了灾后重建更强、更持久的生命力。项目建成后，以一产业为支撑，二产业为延伸，三产业为落脚点，集一、二、三产业发展及观光于一体，形成生态农业观光旅游、芳香植物产品加工观光与乡村旅游观光为主的绵竹沿山旅游观光核心区，必将极大地提高绵竹沿山旅游的品位和档次，帮助农民增收致富。

以上对绵竹部分灾区乡村产业重建的考察表明，受灾地区情况有不同，条件殊异，乡村产业重建的内容和方式也有所不同。但是，这些形式不同的重建模式也存在一些共同特点：首先，乡村产业重建模式虽然各异，但是都有机地结合了自己的具体条件，因地制宜，有所创新。实际上，只有充分结合本地特点的重建，才可能具有切实的成效，没有也不可能有唯一的标准的乡村产业重建模式。因此，乡村产业重建是一个结合具体地点、发动各个方面力量共同创新的过程。其次，乡村产业重建的最大特点表现在需要打通从第一产业到第二，甚至第三产业之间的通道，建立从生产到研究、开发、加工和销售，从农村到市场，或到加工厂再到市场的过程。只是局限在农村范围谈产业重建是没有意义的，只有跳出农村又不脱离农村，才可能真正推动乡村产业重建。第三，灾后乡村产业重建，是由受灾乡村群众、对口支援单位、社会和各级政府共同参与的结果，这种协同作用发挥得越好，重建效果就越明显。只是由农村基层群众自发来做，是无法使乡村产业重建取得成效的。这是因为，中国尚处于城市化水平较低的阶段，二元经济结构特征明显，农村经济发展条件较差。即使在没有自然灾害的条件下，在农村推动农业产业化也面临很多难以克服的困难。从这个意义上说，地震也为灾区农村提供了一个借力社会和政府各方面资源来推动乡村产业化进程的契机。另一方面，灾区乡村产业重建的成功实施，其意义不仅仅表现在对受灾地区乡村群众生活的重建，更重要的是，也为农村产业化和城市一体化进程提供了经验和借鉴。因此，灾后乡村产业重建因为其所处的我国城乡一体化进程这一时代大背景而具有了特别的意义，其重建模式也就带有鲜明的中国特色。

正是基于灾后乡村产业重建所具有的这一特点，搞好灾区乡村产业重建不仅对于重建灾区人民生活具有现实意义，对于更大范围推动农村产业化进程也具有借鉴和参考意义。因此，我们建议从下述几个方面为灾区乡村产业重建创造更有利条件：

第一，重视政府作用，特别是在协调第一、第二和第三产业方面，整合社会资源，发展乡村产业的重要作用。这是使乡村产业真正发展起来的基本方式。

第二，推进农村产权制度的创新。在整合社会资源，协调多个产业发展的过程中，必然涉及农村土地流转和相关制度创新等问题。没有这些创新，就很难跳出原有乡村发展格局来推进产业化。

第三，发展农村金融。产权制度和社会资源的流转，离不开金融的支持，而农村恰好是金融发展的薄弱环节。不仅应该积极为农村的产业发展建立必要的融资渠道，而且应该为农村群众在参与产业重建中可能发生的风险，提供经济保险机制等。

抗灾救灾：新中国 60 年的经验与教训

民盟中央经济委员会主任
国家减灾委专家委员会副主任　郑功成
中 国 人 民 大 学 教 授

　　自古以来，中国就是多灾之国，水灾、旱灾、蝗灾曾被并称为中国历史上的三大自然灾害，中国的历史就是一部与灾害抗争的历史。新中国成立后，虽然蝗灾作为巨灾已被送进了历史，但水灾、旱灾却在持续恶化，台风、冰雪等也时常酿成巨灾，2008 年 5 月 12 日发生在四川汶川的大地震，再次揭示了地震作为中国的巨灾所带来的灾难性后果可以令整个世界都为之心悸，同时，对汶川大地震的出色救援，也为新中国 60 年来的抗灾救灾划上了一个圆满的符号。因此，回顾新中国成立 60 年来的减灾历程，全面总结 60 年来抗灾救灾的经验教训，对于探求应对灾害问题的科学对策，努力减轻各种灾害的侵袭和保障人民生命财产的安全，无疑具有重大的意义。

1 六十年抗灾救灾中积累的宝贵经验

从多重灾难中走出来，在灾害的不断侵袭下迅速崛起，这当然是新中国战胜灾害的结果。汶川大地震发生后，国外诸多媒体就评论"中国式救援无与伦比"，"赈灾凸显了中国的制度优势"。[1]因此，总结六十年抗灾救灾经历的经验，不只是为了证明这一结果，同时也是为了启迪未来，因为中华民族的复兴还有很长一段路要走，祖国的现代化进程中还会遭遇到各种灾害的侵袭，以往的经验对未来的抗灾、减灾有着异常重要的指导作用。

总体而言，六十年抗灾救灾的经验主要体现在如下五个方面：

第一，社会主义制度，是中国人民赢得抗灾胜利并在灾难中崛起的基本制度保证。在国际上，一个国家处理重大自然灾害与突发事件的能力，通常被作为衡量其制度优劣和政府及其领导人管治国家能力的重要指标。在以往六十年的抗灾救灾中，即使是国家落后、经济实力薄弱，也充分显示了中国应对重大自然灾害的能力，这种能力其实是建立在社会主义制度的基础之上的。社会主义制度在抗击重大自然灾害与突发事件中的优越性，主要体现在以下几个方面：一是全国一盘棋，能够集中力量办大事。在重大灾难发生时，社会主义制度下的中国往往能够迅速动员全国的人力、物力与财力对灾区实施救援，国家可以成为全国人民在遭遇灾难时的依靠。如在汶川大地震中，中央决定发达地区对灾区实行对口支援，提供相应的财力、物力保障，就构成了汶川大地震灾区重建的重要方面，这在其他国家是难以做到的。二是有一个坚强有力的领导核心，这就是建立中华人民共和国并长期执政的中国共产党。几乎在所有的重大自然灾害与突发灾难面前，都可以看到中国共产党的领导机关、领导人所发挥的核心作用，他们对形势做出判断，对抗灾救灾做出决策，正是在中国共产党的领导下，重大灾难发生后才可能出现党政军民齐心协力、万众一心、众志成城的现象，并在灾难面前显示出不可战胜的巨大威力。三是有一支在灾难面前不畏任何艰难险阻的人民军队。在所有的重大自然灾害面前，人民子弟兵都发挥了抗灾抢险主力军的作用，写下了许多感天动地的壮丽篇章，这支队伍召之即来，来之能战，战之能胜，抗灾救灾中哪里最险，哪里就会有解放军，哪里抗灾救灾任务最难、责任最重，交给人民子弟兵就会让人民放心。正是经历重大灾难的考验，中国人民才会更加自觉地团结在中国特色社会主义制度的旗帜下，由50多个民族组成的中华人民共和国才具有了空前的国家认同意识和巨大的民族凝聚力。

第二，经济发展与综合国力的持续提升，是中国人民战胜重大自然灾害的物质基础。在改革开放前，尽管社会主义制度保障了绝大多数灾民的基本生活，但因国力薄弱、财力紧张，在自然灾害面前，不仅防灾抗灾救灾的投入有限，而且在灾后救援和灾后重建中也力不从心，一场重大自然灾害发生后，灾区人民的苦难往往还要持续很长一段时间。然而，无论是2003年发生的"非典"，还是2008年发生的南方冰雪灾害与汶川大地震，都有了坚实的物质基础支撑，不仅迅速完成了抗灾救灾的紧迫任务，而且让受灾地区的基础设施、生产秩序、人民生活都在短期内恢复正常，这在过去是不敢想像的。以唐山大地震与汶川大地震相比较，前者发生于1976年7月28日，当时国家不仅财力异常薄弱，国民经济也濒临崩溃边缘，从震后到1979年基本只是清理废墟，1979年到1985年主要是重建居民住宅与部分公共设施，1986年8月中旬，根据国务院指示，唐山市才成立恢复建设规划组，整个新唐山的建设才得以加速地推进，唐山大地震的恢复重建工作持续20多年，同样得益于改革开放后的经济发展与综合国力的迅速提升。

汶川大地震发生于2008年5月12日，国家计划是三年基本完成灾区的恢复重建任务，而时间仅过去一年多，灾后重建工作便异常快速地推进，灾区的面貌开始焕然一新，这与当年唐山大地震后缓慢的恢复重建相比，完全不可同日而语。这当然是改革开放三十年持续快速发展的成果，是改革开放使国家综合实力大为增强，也让我们有足够的财力和物资储备，有现代化的交通运输和科学技术力量，有空前强大的生产能力。改革开放三十年来，中国的经济总量上升到世界第三位，年财政收入超过6万亿元，城乡居民人均收入分别比1978年增长40倍和30倍以上。正是因为有了这样日益雄厚的物质基础，在汶川大地震发生后一年时间内，中央财政拨出的抗震救灾资金就达550多亿元，这相当于改革开放前国家财政收入的一半；而人民生活水平的提高，也使一方有难、八方支援有了更加雄厚的物质基础，汶川大地震发生后募集的社会善款高达700多亿元。如果没有这些，便不可能迅速取得抗灾救灾与灾后重建的胜利。可见，重大自然灾害的发展，考验的不仅是执政党的执政能力与政府的管治能力，而且也是对综合国力与经济实力的检验，它证明了这样一个道理，即发展依然是解决中国所有问题的关键，发展是硬道理，中国依然需要坚定不移地发展自己的经济，坚定不移地坚持改革开放，坚定不移地提高综合国力和抵御重大自然灾害能力。

第三，以人为本的抗灾救灾理念的最终确立，是进一步凝聚民心、共克时艰的稳固基石。经过近十年来的灾难磨砺，以人为本、生命至上、救人优先已经成抗灾救灾中的全民共识。因为"以人为本"、"执政为民"、"和谐社会"等理念已经深入人心。从理论上讲，"生命至上"应当包括如下几层涵义：一是对所有人的生命与健康都应当倍加珍惜，因为人的生命毕竟只有一次，人的健康事关人的一生；二是以维护人的生命安全与健康作为避防灾害与抗灾救灾的基本出发点；三是灾害发生后应当救人优先，无论是国家财产还是其他公共财产，都不如人的生命重要。[2]尽管理解"人"与"生命"这几个简单的汉字让我们经历了无数曲折，但当灾难使我们真正理解了"人"与"生命"的深刻含义，把"人"与"生命"放在抗灾抢险第一位的时候，过去付出的一切便都是值得的。汶川大地震在这方面尤其写下了历史的一页，它将人民利益至上的国家宗旨、以人为本的执政与施政理念诠释得淋漓尽致。在地震发生后，可以看到特别突出地体现了地震发生后救人优先、生命至上的理念，物质财产与经济利益放在了第二位，为了抢救一条可能幸存的生命，往往不惜代价而为，改写了国家或集体财产神圣甚至要优先保护的传统；为了体现对生命的尊重，打破了共和国国旗只在国家主要领导人逝世才下半旗致哀和举行全国哀悼的传统。在共和国六十年的历史上，还从未有过为平民死难者下半旗致哀的先例，也从未有过为平民死难者举行全国哀悼的先例，更不要说旧中国了。在为期3天的全国哀悼日，五星红旗下半旗致哀，举行国家层级的集体祭奠活动。它至少清晰地传递出了这样几层含意：一是汶川地震，灾难巨大；二是以人为本，生命尤重；三是人民至上，权力在民；四是时代在发展，文明也在进步，人性得到了张扬。此外，还有对灾区人民的生活救助与医疗救援，以及新出现的心理抚慰等，都无一不是具体地体现了以人为本的理念。

第四，重视防灾抗灾工程建设，是抵御重大自然灾害的有效措施。由于特殊的自然条件，中国自古便多忧患，今后也不能妄想没有灾难。因此，祖先才留下了大禹治水的传说和都江堰之类的伟大防灾抗灾工程。回顾共和国六十年来的防灾抗灾经历，可以发现，国家对防灾抗灾工程措施是高度重视的。建国之初，毛泽东、周恩来等第一代领导人对水利的战略地位就有着深刻的认识，把水利当作兴邦安国的大事来办，在20世纪50年代就陆续展开了治理淮河、长江、黄河、海河等工程，虽然有过失误，但事实证明，水利建设确实在防灾减灾中发挥了重大作用，取得了相当的成就。经过20世纪60年代华北大旱和1975年河南大水之后，人们更加深刻地认识到了人与自然相依并存的关系，吸取了盲目发展水利的教训，进一步明确了"蓄排兼筹"的科学指导思想，兴修了葛洲坝水利工程等一批利国利民的水利建设，同时也开始兴建三北防护林工程，开展大规模的植树造林运动。尤其是三峡工程的修建，肇始于新中国成立后的第一个十年，经历了三代决策者与建设者的具体规划,[3]改革开放后开始起步。1978年至1988年,三峡工程基本完成了建设的决策准备;1989年至1991年进行异常慎重的调研与论证工作,赞同兴建三峡工程的与反对兴建三峡工程的人都以对国家与人民负责的精神展开了激烈的交锋,从20世纪50年代开始就代表两种主张的林一山与李锐依然各自坚持自己的主张,在频繁的长江水灾面前,多数水利专家倾向于兴建三峡工程,国家财力也开始具备兴建这样一项重大水利工程的物质基础了,但反对者仍然不少,其中有一位杰出的水利专家、清华大学教授黄万里就三次上书党中央,申述自己坚持反对兴建三峡工程的理由。因此,三峡工程建成后,有人说反对者其实功劳最大,因为正是反对意见促使这一重大的水利工程的设计、建设堪称慎之又慎,并采取由国家立法机关全体表决的方式来做出决定。1992年1月17日,当时的国务院总理李鹏主持国务院会议,审议通过了《关于兴建长江三峡水利枢纽工程的报告》;同年4月3日,第七届全国人民代表大会召开第五次会议,在2632名出席会议的代表中,以1767票赞成、177票反对、664票弃权的表决结果,通过了关于兴建三峡工程的议案。此后,三峡工程加快建设步伐,于1998年实现大江截流。1998年至2008年,三峡枢纽主体工程、输变电工程和移民工作基本完成,三峡水库实现了175米蓄水的最终目标条件。在2009年汛期,三峡水库的防洪库容已达146亿立方米,开始发挥拦洪调峰和枯水期给下游补水的功能,下游荆江河段防洪标准已从十年一遇提高到了近百年一遇,长江中下游的防洪体系初步形成。在共和国六十年的防灾抗灾工程措施中,三北防护林建设同样是一项惠及半个中国和子孙后代的防灾生态工程。1979年，鉴于中国西北、华北地区的风沙灾害、水土流失严重，祸及范围日益扩大，国家决定在西北、华北北部、东北西部风沙危害、水土流失严重的地区，建设大型防护林工程，即带、片、网相结合的"绿色万里长城"，规划范围包括新疆、青海、宁夏、内蒙古、甘肃中北部、陕西、晋北坝上地区和东北三省的西部共324个县（旗），总面积24亿公顷。以求能锁住风沙，减轻自然灾害。1979年以来，三北防护林体系工程进入建设阶段，尽管仍然建设之中，但它确实是一项规模宏伟的生态建设工程。三北防护林的建设范围，是东起黑龙江省的宾县，西至新疆维吾尔自治区乌孜别里山口，东西长4480公里，南北宽560～1460公里，故又被称为绿色万里长城，其总面积406.9万平方公里，占国土面积的42.4%，接近中国半壁河山的地区将受益其中。当然，在充分肯定新中国成立六十年来对工程防灾抗灾的重视并确实取得巨大成效的同时，还应当看到，同时还存在破坏生态环境的现象，即使是值得称道的水利工程，也存在着一些问题，这是在未来的防灾减灾工作中应当努力加以改进的。

第五，"一方有难，八方支援"以及开展有效的国际合作，也是中国以往赢得抗灾救灾胜利的重要经验。每一个灾难都是对一个民族的集体的考验，在中国六十年来的抗灾救灾历程中，"一方有难，八方支援"早已经成为一种传统，这种传统在近三十年间，随着国民经济发展与人民收入水平、生活水平的提高，更在抗灾救灾中发挥着巨大的作用。近十年间，几乎每一场灾难中总是非灾区与灾区、全国人民与灾区人民始终真情相伴，张扬出了博大的爱心，表现出了空前的凝聚力。以汶川大地震为例，与政府快速反应几乎同时出现的，是全国各地爆发出来的规模宏大的民间慈善赈灾暖流，抗震救灾期间，可以在全国各地见到为汶川大地震灾区排队捐款、捐物的情景；香港、澳门地区同胞在积极组织各种各样的赈灾活动，从演艺明星到普通市民都在行动；台湾地区同胞也在组织各种各样的赈灾活动，政治人物、知名人士、普通民众及宗教界都参与了进来。更有超过百万的志愿者从全国各地赶往地震灾区，帮助抢险救灾。我们看到的是血浓于水的同胞之情在这场巨大的灾难面前得到了释放，血肉相连的手足之情在这场巨大的灾难面前变得更加紧密相连。是什么样的心理在支撑着这样的行动，这样的行动又反映了中华民族的什么力量？一个清晰的结论就是：中华民族是富有同情心的伟大民族，同情心是一种善念，一种爱的表示，它展现的是实实在在的向心力与凝聚力，它应当是我们民族最重要的文化软实力。在这场民间赈灾与志愿者参与的高潮中，可以发现，社会组织与个人已经成为抗灾救灾中不可忽略的重要力量。一方面，各种灾难都是威胁人类自身安全的敌人，从而抗灾救灾亦应是全民的共同任务，社会组织与个人毫无疑问都应当参与进来，国际上各种非政府组织积极参与抗灾救灾不仅由来已久，而且确实起到了弥补政府力量不足的作用。另一方面，灾区与灾民的需求是非常广泛的，也是非常复杂的，社会组织与个人的参与，能够更全面地满足救灾需要。因此，在灾难面前，需要的其实是政府与社会组织及民众之间的齐心协力与无间隔的良性互动，弘扬公民的志愿精神和培训民众自救及参与抗灾救灾工作的技巧，应当成为我们最终战胜灾难的一大法宝。汶川大地震后掀起的民间赈灾与志愿参与的高潮，不仅使传统的"一方有难，八方支援"得到了发扬光大，还让我们看到了中国社会正在发生的变化，这就是自利之心在减少，公益之心在强化，互助精神在光大，企业社会责任与公民社会责任再一次得到了弘扬，这是一种积极的、持续向上的变化！

与民族内部互助共济的行为相通的，还有来自国际社会的合作与援助。从30多年前唐山大地震后拒绝国外的援助，到2003年开始接受与国际组织合作共抗"非典"，再到汶川大地震以开放的心态来赢得国际社会真诚的合作与援助，这是中华人民共和国历史上一段真实的记忆，它从一个侧面让我们更深刻地认识改革开放30年来中国的变化、中国的开放历程乃至中国与外部世界关系发展的脉络。将史书翻回30年前，却并非如此。在1949年以来的历史上，中国曾以"既无内债、又无外债"而自豪，曾以"勒紧裤腰带，不靠外援，自力更生"而骄傲，即使遭遇各种灾难，也拒绝来自国际社会的人道主义的援助。今天，世界已经发生了很大的变化，中国更是发生了翻天覆地的变化，这一切便成为了历史，渐渐离我们远去……2003年春夏突如其来发生的一场"非典"，一度肆虐在华夏大地，在各国政府和国际组织纷纷向中国伸出援手之时，中国政府不仅热情接受国际援助，而且积极主动地与包括世界卫生组织在内的有关国际组织展开合作，共抗"非典"。2004年底，印度洋海啸灾难发生后，中国政府与人民也对受灾国家和人民给予了及时、积极、真诚的国际人道主义援助，当时中国政府在第一时间宣布，向受灾国提供价值2163万元人民币的物资和现汇援助，不久后又追加5亿元人民币的救灾款，来自民间的捐献达10多亿元人民币，这是中国政府及民间第一次对外进行如此大规模的救灾捐助。2005年8月，"卡特里娜"飓风导致美国新奥尔良地区损失惨重，中国政府向美国灾区人民提供500万美元救灾援助，这是中国首次向发达国家提供救灾援助。2005年10月巴基斯坦发生大地震后，中国政府迅速提供救灾款物，并派出多批搜救、医护人员赴地震灾区参与国际救援。因此，在灾难面前，我们需要国际援助，其他国家或地区遭遇重大灾难时，我们也应当基于人道主义提供相应的援助，这种国际合作与援助不只具有物质的意义，更反映了人类应有的博爱之心与人性之美。

2 六十年抗灾救灾中留下的深刻教训

回顾共和国六十年灾害史与抗灾救灾经历，不可否认，也留下了许多深刻的教训。例如，灾害意识淡薄，人与自然的关系失衡，对非工程措施不重视，社会机制与市场机制还未能够充分利用，有些可以避免的灾害没能够避免，有些可以通过预防来减轻灾害后果的措施没有及时采取，有些防灾抗灾工程因选址不当、质量不高而成了致灾工程，等等。这些教训对于未来同样具有很高的借鉴价值。

第一，灾害意识与防灾意识淡薄，是放大灾害问题的重要原因。它主要表现在三个方面：①心存侥幸、思想麻痹，是灾害意识与防灾意识淡薄的主要表现之一。在共和国六十年的灾害史上，有很多这样的例子。如1956年发生的浙江象山台风，预报是准确的，各种防台风的措施也不能说不到位，但一部分人还是将其视为一般台风,心存侥幸,直到飓风暴疾,还让干部群众顶着17级的大风去保卫海塘,结果灾害的后果便被放大了,死难者竟然高达5057人。另一起因思想麻痹、防灾松懈的例子,是在20世纪70年代末被基本控制、1985年政府宣布已经基本消灭了的血吸虫病,又在20世纪80年代以后重新出现并不断蔓延,"纸船明烛照天烧"送走了的瘟神重返民间,重新祸害江南地区的人民,到2005年时血吸虫病直接威胁的人口达6500万人。[4]一些地区制定的目标是到2015年基本消灭血吸虫病,国家为此投入了巨额的防治资金,疫区人民为此承担了很大的苦痛,这不能不说是一个深刻的教训。类似的例子还有许多,它表明在灾难面前心存侥幸、思想麻痹将付出血的代价。②不重视灾害宣传教育、完全缺乏临灾自救知识,是灾害意识与防灾意识淡薄的表现之二。汶川大地震后,曾有报道,在这次大地震中只有一所学校在校舍坍塌前,2200多名学生、上百名老师,用时1分36秒,从不同的教学楼和不同的教室中,全部安全冲到操场,并以班级为组织站好,无一伤亡,创造了地震中一大奇迹。[5]该校师生之所以在这么短的时间内躲过了地震这一大劫,是因为该校在校长叶志平的带领下,平时多次演习如何躲避地震等灾难的缘故,但这样的灾害宣传教育和防灾演练实在是太少了。在汶川大地震中,学生是伤亡最大的群体之一。整个地震,死亡及失踪的学生共有5300余名,残疾500余名。[6]这在一定程度上与不懂科学避难知识及缺乏训练有关,也正因为缺乏防灾意识,以至还出现了"范跑跑"现象。在特殊年代的云南通海地震灾害中,甚至自然界发出的各种震前警示,不仅未提醒人们注意灾难的来临,反而被认为是敌人可能发生的袭击。有调查显示,由于缺乏安全教育与防灾自救知识的普及,有近三分之一的居民、近一半的学生不懂消防常识和缺乏自救逃生的知识,有近70%的居民不关注公共消防安全。公众的安全防范意识不强,甚至缺乏最基本的识灾、防灾能力和自我保护意识。[7]这与邻国日本不可相提并论。日本与中国一样,也是一个地震多发国家,日本基本上从小学开始就对学生进行诸如地震的原因、发生地震时如何避难等防震防灾知识方面的教育,每年的9月1日是日本的"防灾日",在这一天的前后一个星期,日本各地都要举行防震防灾训练,或举行讲习会,向居民讲述防震防灾知识;此外,每年的1月17日是日本的"防灾志愿者周",各地也要举行各种活动,以提高人们的志愿者意识。正因为有专门的安全课程教育和举行各种防灾活动,日本居民的防灾意识很强,在日本的地震中,居民均能够快速、有序地逃避灾难。因此,强化全民防灾减灾知识和安全知识宣传教育,积极开展防灾减灾知识进校园、进课堂、进社区活动,以及开展地震、火灾等不同类型的突发事件应急演练,不断提高人们的自我防护能力和自救互救能力,在多灾的中国显然具有必要性与紧迫性。③主观主义、官僚主义、经验主义现象,是灾害意识与防灾意识淡薄的表现之三。对于现在50岁以上的人来说,都会清楚地记得,中华大地曾经充满着人定胜天的豪情,中国人民曾经充满着战天斗地的斗志,但在灾难面前,这种豪情与壮志走向了极端,就是不顾实事求是、不讲科学,主观主义、经验主义甚至官僚主义并不罕见。1959~1961年三年困难时期出现的全民族灾难,"浮夸风"、"共产风"等脱离现实国情、充满着主观主义与官僚主义的做法，实质上扮演了自然灾害的帮凶；在一些工程建设中，不讲科学，只讲斗志与豪情的现象也不乏罕见，结果酿成了灾害后果。同时，一些人往往根据经验来判断灾害的发生，缺乏对灾害的偶发性与不断变异的认识，如1991年江南的梅雨迟迟不愿意北上，完全违背了往年的规律，2008年对南方造成严重损害的冰雪灾害亦是受灾地区数十年甚至是百年所仅见，等等，人们对于这样的灾害往往在灾害来前缺乏准备，在灾害到来时还以往年的经验来判断，结果让灾害后果持续放大。可见，在共和国六十年抗灾救灾史上，确实暴露了中华民族集体意识中的灾害意识与防灾意识淡薄，这是放大灾害问题的重要原因，也是在未来发展进程中必须充分吸取的教训。

第二，长期未能处理好经济发展与生态环境保护的关系，人与自然的关系并不和谐，是导致自然灾害日益恶化的根本原因。新中国成立六十年来，必须承认，在国家发展进程中，长期未能够妥善处理好经济发展与生态环境保护的关系，开始是缺乏这样的意识，似乎中国有取之不尽、用之不竭的资源，加之中华人民共和国成立初期才4亿多人口，我们有九百六十万平方公里的国土面积，确实可以陶醉于地大物博；但到后来，推崇战天斗地，强调人定胜天，加之人口急剧增长，即使是近30年采取严厉的计划生育政策，亦到了13亿多人口的规模，地大物博的优势便不复存在了，而生态环境却因战天斗地、人定胜天指导着人们的实践，并在不少地方被付诸实践，生态环境便遭到了破坏，人与自然的关系并不和谐。① 从1958年"大跃进"时期开始，毁林开荒、乱砍滥伐的现象就遍及全国,并一直延续到20世纪80年代初期,而试图通过全民植树造林的方式来改良生态环境的努力还跟不上对生态环境的破坏速度,结果水土流失的面积日益扩大,并从黄土高原扩展到长江流域乃至全国。从2005年7月开始,86个科研院所以及各流域机构、800多名工程技术人员前往27个省的315个县深入调查水土流失与生态安全,其在3年后即2008年完成的《中国水土流失与生态安全综合科学考察总结报告》中,公布的结论是中国"水土流失面积大、分布范围广,流失强度大,侵蚀严重区比例高"。在他们的报告中,不仅西北、华北等地区水土流失问题严重,"黑龙江省典型黑土区的水蚀面积也已由上世纪50年代的24000平方公里变成2000年的45000平方公里"。事实上,水土流失严重的地区远不止黑土地,南方红壤区、西南石漠化区、西北风沙区等地的水土流失也在不断加剧,现有严重水土流失县达646个。调查结果还显示,坡耕地和侵蚀沟已经成为水土流失主要策源地,而"全国现有18.3亿亩耕地中,坡耕地约3亿亩,占16.4%。坡耕地面积占全国水蚀面积的12.4%,每年产生的土壤流失量约为15吨。黄土高原地区坡耕地每生产1公斤粮食,流失的土壤达40~60公斤"。因此,他们预言,"经研究测算,按照现在的流失速度,50年后东北黑土区1400万亩耕地的黑土层将流失掉,粮食产量将降低40%左右,35年后西南岩溶区石漠化面积将翻一番,届时将有近1亿人失去赖以生存的土地"。[8]②围湖造田等原因导致湖泊萎缩,调蓄洪水的功能减弱,是近数十年间未能够处理好农业生产发展与生态环境保护的第二个重要方面。本来,湖泊是最好的天然水库,具有巨大的蓄洪防灾功能，然而，近数十年来，由于人口剧增，国家对粮食的需求也急剧增长，许多地方向湖泊要耕地，兴起大规模的围湖造田运动，造成了湖泊面积的急切萎缩，到20世纪90年代时，仅湘、鄂、赣、皖、苏五省便因围湖造田而失去湖泊面积1.2万平方公里，其面积比4个洞庭湖还大。有"千湖之省"之称的湖北省，湖泊面积损失达70%；湖南的洞庭湖围垦农田1500平方公里，剩下的湖泊面积还不及清代面积的一半。太湖流域自1954年以来，围湖垦田面积亦达530平方公里，其中太湖占160平方公里，滆湖和洮湖分别107.4平方公里，上述三湖面积的锐减使蓄水能力减少10多亿立方米，这是1991年江淮大水灾太湖流域遭受巨大损失的重要原因。[9]

近三十来，改革开放极大地解放了中国的生产力，高科技和工业化的快速推进，带来了高速度、快节奏和实实在在的物质利益，同时也使我们面临着更为严峻的生态环境问题。一方面是经济快速增长与物质日益丰裕，另一方面是工业垃圾、水污染、大气污染、环境恶化，生态破坏、环境污染已经不分城乡地在全国范围内恶化，已经危及到城乡居民的生存。回顾一下世界工业化进程，不难发现，工业革命时期的欧洲，是历史上创造最多、发展最快的时期。这个时期在显示人类改造自然、征服自然的辉煌胜利和巨大财富的同时，就引发了无穷的灾难和自然界无情的报复，留下了长期难以消除的隐患。恩格斯对此有过论述，他说："到目前为止存在过的一切生产方式，都只在于取得劳动的最近的、最直接的有益效果。那些只在以后才显现出来的，由于逐渐的重复和积累才发生作用的进一步的结果，是完全被忽视的。"[10] 恩格斯的这一段话，对中国今天的工业化与现代化依然有着现实指导意义。因此，在国民经济持续高速增长30年、综合国力显著提升的现实基础上，在生态环境遭到破坏，人与自然的关系难以和谐相处的现实背景下，从中华民族的长远利益出发，我们必须以新的视角来审视当今的经济繁荣、社会进步与生活水平的提高，吸取以往的深刻教训，妥善处理好经济发展与生态环境保护、人与自然之间的关系。

第三，忽视非工程措施，是不利于抗灾救灾取得预期成效的重大缺陷。新中国成立后，党和政府对水利工程等工程措施是高度重视的，但对包括灾害教育、减灾研究、应急方案、抗灾法制等，却长期未能给予应有的重视，结果便是这种忽视在现实中部分地抵销了工程措施带来的防灾减灾效果。例如，过去长期习惯于由政治思想教育代替一切，学生在课堂上根本听不到有关减灾的宣传与教育，更缺乏防灾抗灾及自救方法的演习与训练。即使是抗灾方面的教育，也主要是宣传大无畏的不怕死的精神，而不是抢险救灾及救死扶伤的技能，这种失之偏颇的教育与宣传，走向极端的另一面就是只强调无私无罪的抗灾精神，而对生命价值与尊严未能够给予应有的尊重。2008年汶川大地震发生后，全国各地总计逾百万的志愿者自发奔赴灾区，爆发出了空前的感人的志愿精神，但部分志愿者缺乏专业训练，在灾区不能发挥很好的作用，个别的志愿者甚至因不懂抢救伤员而误伤了地震中的受伤者。对非工程措施的忽略，还表现在减灾科研薄弱与法制建设不健全等方面，在近几年的抗灾救灾中，无论是预测预报技术，还是科学测算提供科学的决策依据，还有新技术在抗灾救灾中的应用，都表明了科技减灾确实起到了巨大的作用，但中国的科技减灾水平与能力都还非常薄弱，这与国家对减灾科技投入不足、重视不够有关。而在抗灾救灾法制建设方面，尽管近十多年来很有成就，但缺漏现象严重，以至在灾难来临时不得不应急式地推出有关法规与政策性法规。如在2008年汶川大地震发生后，国务院于6月8日发布了《汶川地震灾后恢复重建条例》，这一方面说明汶川地震灾后重建有了法律依据，我们国家正在向依法抗灾救灾和实施灾后重建的法治方向发展，是国家进步的一个标志，但也表明防灾抗灾救灾的法制建设仍然是滞后的。类似现象还有2003年"非典"爆发后，不得不迅速修订《中华人民共和国传染病防治法》，等等。此外，对非工程措施的忽略还表现在其他方面，如在一些国家中，为防范洪水灾害泛滥，通常会采取一定的措施保留洪泛区，这是维护河流自我调节功能的非工程措施，但我们却缺乏对洪泛区的保护性措施，洪泛区往往也成人口聚居、发展经济的地区。因此，应当吸取以往的教训，将非工程措施也纳入到防灾抗灾救灾的范围，并给予真正的重视，只有这样，减轻灾害的目标才能如若实现。

第四，社会机制、市场机制尚未发挥应有作用，是影响抗灾救灾效果的不利因素。回顾共和国六十年的抗灾救灾史，可以发现，政府一直承担着抗灾救灾的重大责任甚至是全部责任，尽管改革开放以来，社会组织开始出现，商业保险公司逐渐发展，但社会机制与市场机制并未在应对灾害时发挥出应有作用却是一个客观事实。即使在社会资源日益丰厚，市场机制逐渐成熟的背景下，通过社会组织、保险公司等调动社会资源与市场资源的效果仍然有限。一方面，社会机制功能未能够充分发挥。2008年5月汶川大地震发生后，全国各地确实爆发了普遍性的大规模的募捐救灾、志愿抢险现象，所筹募的善款创下了700多亿元的惊人纪录，但全国全年所筹募的善款（含捐物折合）亦仅千亿元，占当年GDP的比重只有0.3%，而美国纯粹的个人捐献也要占到GDP的2%~3%。可见差距之大，这并非中国人缺乏善爱之心，而是社会组织不发达，资源动员能力有限，在汶川大地震募捐活动中，就可以发现许多并非合法的募捐机构也可以随意募捐，募集的善款亦缺乏一个有效的协调机制来进行有效率地分配，结果灾区有的中学获得的捐款达4亿多元，有的学校却未能够得到一分钱的捐助，因此，社会机制的潜力与效力还有待发掘。另一方面，市场化的商业保险机制也不发达。本来，商业保险就是灾害损失补偿机制，在全球范围内，商业保险公司对灾害损失的补偿要占到整个灾害损失的35%以上，发达国家这一指标甚至高达80%以上。例如，1992年，全世界因自然灾害造成的经济损失为625亿美元，保险损失为224亿美元，后者为前者的35%；同年美国发生的安德鲁飓风总损失300亿美元，保险损失165亿美元，后者为前者的55%；2005年美国卡特里娜飓风，保险赔款大约占直接经济损失的50%；2007年欧洲的雪灾有50%的损失获得了保险赔付。[11]然而，在中国南方冰雪灾害中，灾害造成的直接经济损失为1516.5亿元，通过商业保险获得的补偿不到20亿元，仅仅占这次冰雪灾害损失的1.3%。[12]汶川特大地震发生后，所造成的损失是8523.09亿元，而据中国保监会公布，截至2009年5月10日，保险业共处理汶川特大地震有效赔案23.9万件，已结案23.1万件，结案率96.7%；

已赔付保险金 11.6 亿元，预付保险金 4.97 亿元，合计支付 16.6 亿元。赔案涉及遇难人员 1.29 万人、伤残 743 人、受伤医治 3343 人。[13]将地震损失与保险赔款相比较，保险赔款仅占灾害损失的 1.95%。因此，有必要借鉴国际经验，发挥社会机制与市场机制在抗灾救灾中的重要作用，完善灾害损失补偿模式，建立健全的风险分散机制，在全社会分散灾害所造成的损失风险。

注释

[1] 刘云山. 2008 年不平凡的经历和启示与思考. 求是，2008 - 10

[2] 郑功成. 构建科学合理的灾害管理机制. 群言，2008（8）

[3] 转引自《中国共产党执政以来防灾救灾的思想与实践》. 北京大学出版社，2005：171

[4] 血吸虫病卷土重来，威胁人口 6500 万人. 中国网，2005 - 11 - 11

[5] 董立林. 寻访汶川地震 16 名焦点人物：震后 365 天的生命记录. 新华网，2009 - 05 - 11

[6] 四川省人民政府新闻办公室. "5·12" 汶川特大地震灾后恢复重建情况通报，2009 - 05 - 07

[7] 郑诚. 公共安全实时大考. 南方月刊，2008 - 07 - 18

[8] 中国 646 个县水土流失严重 专家称威胁粮食安全. 科技日报. 2008 - 11 - 21

[9] 郑功成. 中国灾情论. 湖南出版社，1994：47

[10] 马克思恩格斯全集. 人民出版社，1963，46（上）：393、160

[11] 许飞琼. 中国的灾害损失与保险业的发展. 江西财经大学学报，2008（5）

[12] 许飞琼. 中国的灾害损失与保险业的发展. 江西财经大学学报，2008（5）

[13] 保监会. 四川汶川特大地震保险理赔工作基本完成. 中央政府门户网站 www.gov.cn，2009 - 05 - 11

四川省事故预防型安全社区建设主要做法与经验

民 盟 中 央 常 委
民盟四川省委副主委 教授　赵振铣
四川省安监局副局长　文卫平
四 川 省 安 监 局　郑 龙

据世界卫生组织估计，全球每年因伤害造成死亡的人数占全球死亡总人数的11%，每年有500多万人死于伤害和暴力行为。为预防和减少伤害的发生，1989年在瑞典斯德哥尔摩举行的第一届世界事故和伤害预防会议上，提出了安全社区的概念，强调全人类在保持自身健康及安全方面均享有平等权利。

据调查，中国每年大约有70万人死于各类伤害，2001～2005年我国疾病监测资料表明，伤害死亡占全部死亡的11%。近年来，我国安全生产领域每年发生各类事故约100万起，死亡人数超过13万人，受伤人数达70余万人，事故造成的直接经济损失预计2500亿元，生产事故对我国可持续发展能力造成了巨大损失。为积极应对社会经济发展过程中出现的这一系列问题,一直以来,中国各级政府致力于保障和改善全体人民的生命权和健康权。以各级安全生产行政主管部门为主导,以安全社区建设为载体,开展了各种形式的伤害预防工作。2006年2月,国家安全监管总局发布了《安全社区建设基本要求》(AQ/T9001—2006),规范了安全社区建设标准。同年,国务院办公厅印发的《安全生产"十一五"规划》和国家安全监管总局印发的《"十一五"安全文化建设纲要》都提出了建设安全社区的任务和目标。近年来,全国安全社区建设稳步推进、有序发展,效果明显。

四川省地处我国西南腹地,江河深、山地险、矿山多、路况差,人口众多,且大部分地处农村地区,安全基础十分脆弱。全省经济社会发展起点较低,但增速迅猛,生产总值连续多年保持了10%左右的增长。随着经济的高速成长,社会生产和人民生活发生了根本性的变化,同时也带来了一系列的安全问题。因为经济发展产业集中度低、装备安全水平较低、从业人员安全素质普遍偏低,生产安全成为影响社区安全的突出问题和主要原因。四川省从2002年开始,以遏制重特大事故为突破口,开展了以预防生产安全事故为主要内容的安全社区建设,经过5年时间的努力取得了明显成效。四川省在经济社会发展过程中,安全社区建设所面临的形势,在我国具有普遍性。所采取的措施和所取得的成绩,对于欠发达国家和地区在发展经济过程中,全面推进社会建设,保护人民生命健康权益具有典型的借鉴意义。

1 四川省事故预防型安全社区建设的概况

四川全省幅员面积 48.77 万 km^2，其中山地和高原占 81.4%，长江、沱江、嘉陵江、岷江、大渡河等 62 条江河分布全境。全省辖 21 个市、州，181 个县（市、区），4501 个乡镇，现有人口 8673.3 万。至 2008 年底，全省公路通车里程达 16.6 万 km，其中高速公路 1788km，高等级公路近 1.1 万 km，约 10 万 km 为等级外公路；机动车保有量达 659 万辆，机动车驾驶员 711 万余人；内河通航里程 6300km，内河运输船舶 2 万艘；铁路里程 3231.8km；城市公众聚集场所 59895 处，涉及公共消防欠账还是比较多的。全省现有工矿商贸企业 339067 个，其中危险化学品从业单位 22188 户，各类煤矿 1478 个，非煤矿山 6118 个，烟花爆竹企业 139 户。全省现有城乡从业人员 4636 万人，其中城镇单位在岗职工 480 万人，城镇私营企业和个体从业人员 350 万人。近三年全省社会经济呈高速增长态势：2006 年 GDP 为 8637 亿元，同比增长 16.95%；2007 年 GDP 为 10505 亿元，同比增长 21.63%；2008 年 GDP 为 12506 亿元，同比增长 19.05%。

四川省委、省政府及各级各部门和绝大多数企业围绕安全生产做了大量工作，全省安全生产总体平稳，趋向好转，但形势依然严峻。全省社区生产安全的基本特点是：从我省重特大事故的一般规律来看，80% 以上的事故发生在基层，80% 以上的伤亡人员是农民（包括民工）；在非公有制经济发展中，乡镇企业大部分为中小企业，特别是一些个体、私营业主安全意识淡薄，安全设施差，事故防不胜防；农村范围很宽，农民的安全常识缺乏，安全意识也很淡薄；由于多种原因，基层工作很薄弱，情况不明，底数不清，隐患不知，措施不实，责任到不了人头等等，安全生产的防范措施难以落实到基层；基层抓安全生产有很多苦衷，特别是要做到依法行政，还有很多体制性障碍，有的关系也没有理顺，对违章现象也只能看在眼里，急在心里，无法管理。

针对这些问题，四川省从2002年开始，开展了以预防生产安全事故为主要内容的安全社区建设。创建工作以贯彻相关法律法规为主线；以规范乡镇安全监管行政行为，完善乡镇安全监管体制、机制、制度、运行模式为核心内容；以落实工作保障，打造工作平台为着力点；以加强重点领域、重点环节安全监管为突破口；以强化乡镇安全生产目标考核为激励约束管理机制。充分发挥乡镇安全监管职能作用，筑牢乡镇安全生产第一防线。通过各有关方面多年的不懈努力，取得了明显的成效，全省的安全生产事故死亡人数连续多年呈两位数下降。2008年，全省各类伤亡事故同比起数下降24.98%，死亡人数下降13.56%，直接经济损失下降14.61%。同时，以预防生产安全事故为切入点和着力点，以生产安全事故预防型安全社区建设为基点，从分散的、非持续的、局部的预防方法向综合的、持续的、系统的预防方法转变，安全社区伤害预防正从生产事故预防扩大到家居安全、学校安全、运动休闲安全、老年人安全、儿童和青少年安全、自杀和自残预防等人民生产、生活的全方位和全过程。

2　四川省事故预防型安全社区建设的主要做法

2002年6月初，省政府常务会议决定在全省范围开展两批次共200余个单位的安全生产基层基础建设试点。经过全省上下近5年时间的不懈努力，2007年与2002年相比，安全生产基层基础建设试点单位的一般事故件数、死亡人数分别下降30%左右，重大事故件数、死亡人数分别下降超过30%；2007年，过半的乡镇实现了零事故。2007年末，省政府决定在全省范围全面开展安全生产监管规范化建设，进一步推进安全社区创建活动。

我们的主要做法是：

（1）领导高度重视，部门积极配合。四川省委、省政府始终把安全生产作为事关全局的重要工作来抓，用"以人为本"的理念指导实践。针对全省安全生产"两基"（基层、基础）薄弱问题，历任省委、省政府主要领导多次做出重要指示，要求突出抓好领导落实、资金落实、措施落实。各市（州）、县（市、区）政府积极响应，行动迅速，主要领导亲自抓，班子成员分别联系一个试点单位。各级相关部门根据职能开展对口指导服务，提供宣传教育资料、技术咨询、技术服务，有重点地帮助基层整治隐患，完善安全生产基础设施。

（2）健全监管机构，构建监管体系。建立健全了乡镇安全生产监管协调机构和乡镇安全生产监管办事机构，充实和稳定乡镇安全生产监管队伍。乡镇安全生产委员会是乡镇政府的非常设议事协调机构，委员会主任由行政第一负责人担任，主要职能是全面指导和组织协调行政区域安全生产工作。各乡镇设置安全监管办事机构，名称统一为安全生产监督管理办公室。乡镇根据实际情况，配备与安全生产工作任务相适应的安全专管人员，其经费由各级财政统筹解决，在年度安全生产专项资金中予以安排。

（3）理顺监管体制，明确监管职责。明确了乡镇政府、乡镇安全生产委员会、乡镇安全生产监督管理办公室和乡镇其他机构的安全生产监管职责，从职权结构和责任划分的角度，构建了基层安全生产的监管体制。

乡镇政府的主要职责是：制订安全生产工作计划、目标任务、工作措施和目标考核制度；落实政府领导班子成员及相关职能机构安全生产监管责任；保证安全生产财政投入，改善安全生产硬件和软件条件。

乡镇安全生产委员会的主要职责是：按照县（市、区）安全生产委员会的工作部署，在乡镇党委、政府领导下，负责研究部署、指导协调本行政区域内安全生产工作；提出制订本行政区域内安全生产工作政策措施的建议；分析本行政区域内安全生产形势，提出解决安全生产重大问题的办法。

乡镇安全生产监督管理办公室的主要职责是：贯彻执行安全生产方针政策、法律法规、规章、规范性文件、安全生产规划及安全生产责任制，并负责督促检查落实；组织开展经常性的安全检查，督促监控整改事故隐患；建立健全各类安全生产综合管理台账、资料、记录和数据统计；依据县级有关执法部门委托的权限，对行政区域内安全生产违法违章行为实施综合执法并定期报告执法情况。

乡镇其他机构安全生产工作主要职责是：按照"一岗双责"安全生产责任制，在各自职责范围内对安全生产工作进行监管，负责本部门及所属行业和系统的安全监管，并接受乡镇安全生产监督管理办公室的指导、监督。

（4）完善监管机制，形成监管合力。从乡镇安全生产监管体制运行的角度明确了各具体责任主体信息传递、职权运用和责任追究的路线图，便于规范、协调、整合有关责任主体的职权行为，形成有序的监管秩序和有效的监管合力。

乡镇政府主要负责人是安全生产工作的第一责任人，对行政区域安全生产承担全面领导责任；分管安全生产负责人是安全生产综合监督管理的责任人，对安全生产工作负组织协调和综合监督管理领导责任；分管其他工作的负责人对分管工作范围内的安全生产工作负直接领导责任。

建立健全安全生产目标考核制度和考核指标体系，对乡镇有关部门、村（居）及高危企业实行安全生产目标考核。

严格安全生产责任事故查处，坚持安全生产责任追究制，落实安全生产行政问责制。

（5）健全工作制度，加强档案管理。为规范日常监管工作，提高常态监管效率，便于监督检查，我们对于安全监管基本工作制度和安全生产监管基础工作台账及资料都做出了指导性规定。

安全监管基本工作制度包括：乡镇各级各类人员安全生产责任制；工作例会制度；安全生产宣传、教育培训制度；安全生产分级检查制度；事故隐患和危险源管理制度等。

安全生产监管基础工作台账及资料包括：工矿商贸企业安

全生产基本情况台账；人员密集场所安全生产基本情况台账；安全生产记录（安全会议记录、安全生产检查记录、隐患排查整治记录、事故报告处理记录）资料；安全监管联系对象分布图等。

乡镇安办落实专门人员负责安全生产文书资料与档案管理工作，并保持相对稳定，按文书资料与档案的标准化管理要求，做好各类文件资料的收发归档工作。

（6）完善委托执法，加大执法力度。按照《四川省安全生产条例》规定，各县（市、区）人民政府和安全生产监督管理部门根据基层安全生产工作需要，把乡镇工矿商贸企业安全监管、乡镇道路交通安全监管、乡镇渡口码头安全监管等部门的某些执法权委托乡镇相应部门，并根据实际情况进行了规范完善。

受委托执法的相关人员，均按要求接受委托部门培训并经考核合格，取得相应行政执法资格证书和证件，严格按照县（市、区）有关执法部门委托的事项及权限履行执法行为。

（7）抓住重点领域，解决突出问题。根据四川省的具体情况，我们突出抓了一些重点领域的安全生产工作，采取有力措施，控制了这些领域事故高发的态势。

农机和乡镇运输车辆、自驾车辆、船舶安全。杜绝无牌无证、脱检脱审、无作业证和持假作业证等严重违章行为。无合法证照或非运输车、船不得从事客运性（经营或非经营）活动。

乡镇消防安全。县级公安消防队服务范围没有覆盖到的乡镇，结合实际，积极发展乡镇多种形式的消防队伍，全面落实防灭火措施，配备必要的消防设备。

乡镇渡口和道路安全。认真落实《四川省乡镇船舶和渡口安全管理办法》，合理设置和管理乡镇农村客运站点，加强营运车辆和驾驶员管理。道路安全设施完整有效，事故多发路段、学校附近等重点路段设立安全警示标志和必要的安全防护设施。

（8）强化教育培训，营造安全氛围。建立乡镇安监队伍的教育培训机制，乡镇安全监管人员由省安监部门组织指导相关部门进行安全生产法律法规和安全监管知识培训，做到持证上岗。建立复训制度，不断提高乡镇安全生产监管队伍的监管执法能力，优化安监队伍的整体素质。对行政区域内党政干部、企事业单位负责人和安全生产管理人员进行安全知识宣传学习和定期培训，不断增强各级干部、安全管理人员的安全生产意识和安全监管能力。

3　四川省事故预防型安全社区建设的主要经验

通过近几年深入的探索实践，四川省以生产安全事故预防为主的安全社区建设取得明显成效，现正逐步扩展到全方位、全过程的安全社区建设。

我们的主要经验是：

（1）政府强有力的领导和组织是安全社区建设的必要前提

社区安全不仅是一个安全问题，本质上也是一个社会问题，无论是政府、企业或者是民间团体，依靠任何单方面的力量都难以根本解决。但在目前的经济发展水平、社会发育程度和公共管理模式下，只有政府才具有动员、组织和实施安全社区建设必需的资源条件，只有政府才具有整合各类资源、协调各方力量的影响力、号召力和公信力，只有政府才能采取有效的激励约束措施，加强安全社区的"证后管理"，推动建立安全社区长效机制。经济学规律也表明在经济社会转型期，强政府更有利于推进社会经济的全面协调发展。所以政府强有力的领导和组织是建设安全社区的必要前提。

（2）坚持重点突破、分类指导、循序渐进是安全社区建设的必然过程

我省的经济社会进程正处于工业化中期，这既是经济的高速成长期，也是各种社会矛盾交织凸现的时期。就安全社区建设所面临的形势而言，从总体上来看，既有突出问题，又有潜在威胁，从区位上来看，既有普遍矛盾，又有具体情况，要同时解决所有这些矛盾和问题，显然是不现实的，必须选准切入点和突破口；安全社区建设是一个全新的先进概念，从理念、内容到实施方法的认识和把握都需要一个过程，在这个过程中既不能够武断的抛弃以往的工作方法，也不能脱离具体的文化和体制；安全社区的创建工作不能搞"一刀切"，但是必须坚持要"切一刀"，试点和示范工作的探索实践作用特别重要。通过试点和示范工作，便于推行标杆管理，优化管理流程，节约社会成本。因此，坚持重点突破、分类指导、循序渐进是安全社区建设的必然过程。

（3）坚持规范管理、依法治安是安全社区建设的必经之路

我省的乡镇数量多、面积大，经济发展不平衡，县级安全

生产监管部门及有关部门往往鞭长莫及，无力监管。同时，乡镇政府在履行安全监管职责时，缺乏相应权力，存在权责不统一，工作效率低下的问题。为了解决这一矛盾，省安办、省法制办和有关部门同意，三次联合发文要求县级政府试行委托乡镇行使部分安全生产综合监管执法权。一些市、州按照积极稳妥、循序渐进、依法委托、规范管理的原则，逐步扩大委托执法试点，深化乡镇安全生产管理改革。试行安全生产综合监管委托执法，适应了我省乡镇经济发展的进程，逐步改变了乡镇政府在安全生产方面权责不统一的问题，收到了明显成效。坚持规范管理、依法治安成为我省事故预防型安全社区建设的必经之路。

（4）倡导安全文化，加强宣传教育是安全社区建设的有效措施

事故预防型安全社区建设通过倡导以人为本的安全理念，宣传普及安全生产法律和安全知识，提高了全民安全意识和安全文化素质，实现了从"要我安全"到"我要安全"的转变；通过倡导社会化、全员化的安全生产教育，形成从学校到企业，从学习到就业，从家庭到社会的全过程、一体化的终身安全教育机制；通过充分利用报刊、广播、电视、互联网等公共媒体传播安全生产科学思想和科学方法，形成了"关爱生命、关注安全"的社会舆论氛围。

在事故预防型安全社区基础上建立的全面的安全社区，其核心价值理念是"人人享有安全、健康"。因此，安全社区所倡导的"安全"其内涵更加丰富、广泛，不仅关注社会秩序、生活环境的安全，同时，注重人们的安全健康和文明习惯，其

运行机制注重科学管理、多部门合作和持续改进的理念、方法。而且，在目前社会管理新机制尚未形成，各种隐患、矛盾、问题较多的形势下，推广安全社区理念、倡导安全文化、加强宣传教育更是成为安全社区建设的有效措施。

（5）综合运用多种手段，加强经济杠杆的调节是安全社区建设的有力保障

全省的安全形势经过有关方面多年的不懈努力，虽然取得明显成效，但是依然严峻。其中面临的深层问题是：部分企业特别是分散在社区的小企业，安全生产基础比较薄弱，安全保障体系和机制不健全；部分地方和生产经营单位安全意识淡漠，安全投入不足，安全设备设施缺失；公共安全和隐患治理欠账太多。另一方面，解决这些问题的环境是：社会利益主体日趋多元、法律法规尚不十分完善、柔性施政渐成趋势。

通过完善各级人民政府、企业及全社会多元化的安全生产投入机制，充分运用财政、税收、金融等方面有利于安全生产的优惠政策，加大了安全生产投入；通过建立工伤保险与事故预防相结合的机制，扩大工伤保险覆盖面，提高事故多发、职业危害严重的生产经营单位的工伤保险缴纳标准，为从业人员提供了更好的安全、健康保障；通过落实高危行业风险抵押金和安全费用提取制度，促进企业建立安全生产自我约束机制，有效的控制和化解了社区安全风险。因此，综合运用多种手段，充分运用市场化手段，加强经济杠杆的调节便成为安全社区建设的有力保障。

四川省安全生产基层基础建设暨事故预防型安全社区建设试点工作经过 5 年时间的探索实践取得了可喜的成绩和宝贵的

经验。从2008年开始,全省进一步加强此项工作,全面推广这些经验。通过采取结构化、系统化、程序化的方式建立持续改进的伤害预防机制,营造社区安全文化氛围,实现预防伤害的目标。安全社区建设为全省经济社会的可持续发展和构建和谐社会提供了有力的支持。

灾害与社会管理专家论坛丛书

创新型城市防灾减灾安全规划战略分析

民盟中央常委
民盟四川省委副主委 教授　赵振铣
四川省安全科学技术研究院　武玉梁

1 汶川地震震害基本情况与启示

中国是个自然灾害频发的国家，水灾、旱灾、气旋和风暴、地震并列为四大自然灾害，尤其是地震，20世纪有1/3的陆上破坏性地震发生在我国，死亡人数约60万，占全世界同期因地震死亡人数的一半左右。根据《〈四川年鉴〉（2008卷）》，2008年5月12日中国汶川8.0级地震重灾区的总面积为3.34万km^2，在地震中死亡和失踪的总人数为6.68万人，对居民房屋、公路、铁路、桥梁、矿山、能源工程（水、电、气）等基础设施和各类土地造成了巨大破坏，危害范围涉及400多个县，受灾面积超过$40\times10^4 km^2$，损毁农林地约$2\times10^4 km^2$，受灾人口达4624万人，需重新安置居民约1511万人。

在汶川大地震中受灾较严重的市县主要包括：都江堰市、彭州市、什邡市、绵竹市、汶川县、北川县、青川县等（图1、图2）。按照受灾城镇所处的地形条件可将其分为三类：山地城镇、山前平原城镇和平原城镇。山地城镇由于地质灾害易发、城市建设用地条件紧张、对外交通联系脆弱，在本次震灾中遭受到了严重毁坏甚至毁灭性破坏。相比而言，从用地、交通等方面，平原城镇具有相对较好的避难救灾条件。

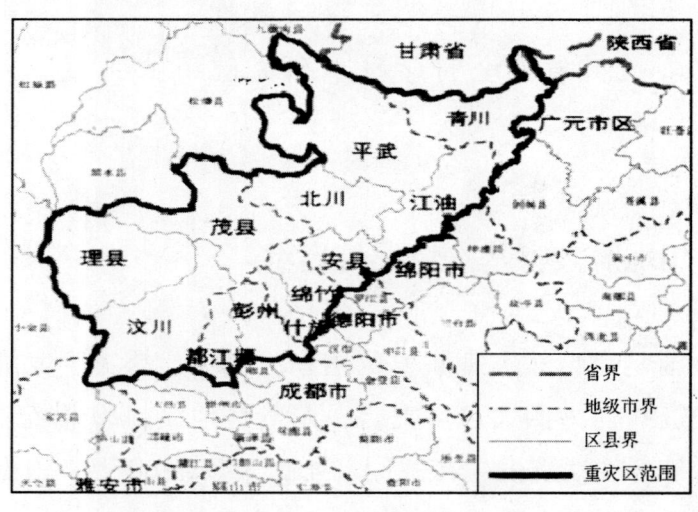

图1　汶川地震重灾区的区域范围

汶川受灾城镇避灾场所的紧缺现状，暴露出城市建设中避灾绿地严重缺失、避灾体系不健全的问题。从风险要素角度来看，针对后果性要素的加强城市规划和工程建设两项措施应是研究地震灾害减灾防灾管理的重点。在这次汶川地震中，世界文化遗产三星堆文物虽受8.0级强烈地震的影响，但由于在设计时即按防Ⅷ度地震烈度的标准设计，而且隐患处理及时，所

图2 映秀镇地区"5·12"地震房屋倒塌情况

以基本处于安全水平；由于地震强度已经大大超出了国家规定的该区域预期的抗震设防要求，房屋倒塌情况较为严重。在地震易发区，工程设计严格按照防震要求，提高工程质量，增强建筑物的防震能力，是我们在此次汶川地震中得到的惨痛教训之一。

从总体上看，我国城市面临的灾害形势是十分严峻的，城市对平时各种严重灾害的抗御能力还相当脆弱。第五次地震活跃期即将到来，人类对地震的防灾减灾能力必须尽可能加强才能将生命财产损失降到最低。因此根据我国国情，研究城市防灾减灾问题，从认识上和实际行动上加强城市的防灾和减灾，特别是城市建设的减灾防灾管理，不断增强城市防御和减轻灾害的能力，使城市安全在任何情况下都能得到保障，对保持国民经济和城市的可持续发展，提高城市竞争力无疑具有十分重要的意义。

2 城市安全规划用地分析

从"5·12"汶川大地震的灾后临时避灾安置来看,灾区的城市及县城很难找到现成的可以搭建临时过渡住房的场地。过渡性住房建设选址、清理废弃垃圾、平整建房场地成了影响过渡性住房建设进度的直接因素之一,给灾民生活带来了次生影响,这也从一个侧面反映出我国城市避灾场所用地实际上处于严重欠缺状态。

日本自1923年的关东7.9级大地震、1995年阪神—淡路7.3级地震中,先后制定了《城市公园法》(1956年)、《紧急建设防灾绿地计划》(1986年)、《城市公园法实施令》(1993年)、《防灾公园规划设计导则》(1999年)等相应的法规,这些法规制度对于推动防灾公园的建设起到了重要作用。

同时,日本对防灾公园的指标以及管理要求严格,按城市人口计算,每人要占有防灾公园面积不少于$7m^2$。阪神地震后,日本建设了首个广域防灾据点三木综合防灾公园,面积达$202km^2$,可容纳灾害时的大型救援队,接纳和运送全国及世界范围的救援物资和大型器械,可作为灾后救援重建的基地。

3 创新型城市可持续发展的建设理念

世界卫生组织(WHO)提出,城市可持续发展应在资源最小利用的前提下,使城市经济朝更富效率、稳定和创新方向演进。在社会方面应追求一个人类相互交流、信息传播和文化得到极大发展的城市,以富有生机、稳定、公平为标志,没有犯罪等现象存在。以经济、安全的可持续发展观来主导城市的开发建设,将降低城市的灾害易损性。

国内外城市均是按照城市启动期、发展期,继而进入成熟期的城市发展规律来发展的,由于城市发展道路基本上都是沿"先发展,后治理"的模式运行,所以出现了城市资源过度利用、环境污染、贫富差别加大等问题,中国也不例外,近几年来,这些城市问题变得越来越突出,迫使城市的管理者、建设者们重新审视以前的城市发展思路,通过对国内外城市发展模式的对比研究,得出了在可持续发展理论指导下的城市发展模式,即走可持续发展之路,注重经济可持续、社会可持续和环境可持续三者的和谐统一的城市发展模式。这也就是今后我国城市建设和管理的发展方向。

4 城市综合防灾安全规划基本框架

4.1 城市综合防灾安全规划的基本理念

城市防灾规划是城市防灾功能的具体规划,是城市总体规划的重要一环,是人民生命财产和城市功能安全的重要保障。美国、日本、欧洲等发达国家在国土利用、环境保护、城市建设规划中都包含有防灾的内容。我国2008年1月1日起正式实施的《中华人民共和国城乡规划法》第一章第四条明确指出:"制定和实施城乡规划,应当符合区域人口发展、国防建设、防灾减灾和公共卫生、公共安全的需要。"并在城乡规划的制定、实施中对防灾减灾作了详细规定。

当前城市防灾安全规划正在朝着综合性和危机管理的方向发展。具体体现在以下两个方面：①改变规划编制思路，综合"所有灾害"。在编制规划中，应当把所能考虑到的紧急事件都包括进去，由此来确保具体的规划能够灵活地适应所有事件的要求。特别是大规模的紧急事件，必须周全地考虑到任何可能发生的变故和不测。②研究潜在的危机，加强预防工作。在平常时期，要不断进行工作测试，对现有的规划进行评估以确保其有效性和实际操作性，并且研究潜在的危害、威胁和脆弱性，把握面临的挑战。

4.2 城市综合防灾安全规划基本框架

城市防灾减灾安全规划贯穿于"测、报、防、抗、救、援"诸环节，只有建立起完善有效的城市综合防灾规划体系，才能将防灾专业的研究成果与城市规划建设实践有机结合，才能克服目前城市防灾能力脆弱的局面，全面提高城市的安全性。从结构层次上，可以将城市综合防灾规划体系分为"宏观"、"中观"和"微观"三个层次。

4.2.1 宏观层面

首先应成立大中城市的应急事务（城市综合防灾）管理委员会或办公室，用于调动、协调各方面的力量进行防灾、救灾工作。在高效、协调的统一系统思路下按新机制将城市抗震、水利、气象、事故及危险源、交通、消防、急救等防救灾机构重新组织起来，形成互补的、快捷运转的现代化城市所必备的应急机构。其主要职能是灾害预警、灾情发布、灾害救援以及防灾、减灾资金的筹措与运作。

其次是对风险区遭受不同强度自然灾害的可能性及其可能造成的后果进行定量的灾害风险分析。包括确定灾种、灾害预测、风险分析、城市防灾能力评估、易损性分析、潜在损失评估等内容。

再次是建立了完善的应急预案系统，提前设想事件可能爆发的方式、规模，并且拟订出多套应急方案，各地方政府在总预案之下，完善各部门的子预案系统，形成配套完善的、整体统一的预案体系，在危机到来时，能够立即启动。在灾害和事故发生后，采取应急行动，虽然不能解决根本问题，但对于减少损失也起到非常重要的作用。

4.2.2 中观层面

城市总体布局必须符合城市综合防灾的要求，合理的城市布局是减少，甚至是消除城市灾害的重要途经。在城市总体布局规划中，要根据城市致灾因子（灾源）风险分析的结论，协调优化城市布局，必要时要对城市布局做出重大调整。选择城市发展用地必须要考虑地质、地震、洪水等条件的影响。根据生态环境容量，科学确定城市规模。提倡适当分散的布局形式，推广组团式布局，避免过多密实的空间形态。

4.2.3 微观层面

微观层面主要是防灾工程规划，是城市综合防灾标准、原则的具体落实。如建筑物、构筑物的设防等级、标准，疏散通道的设置、防灾救护站点的建设标准等。以往建设中对基础设施的防灾功能建设重视得不够，存在侥幸心理，或只考虑了平时的一些基本需要，没有和防灾联系在一起。而事实上，防灾公园及避难场所的建设、疏散通道、供水、供电、通讯、能源等生命线系统的建设和自身的安全至关重要，他们都和城市公共安全息息相关。城市规划要在基础设施的功能建设方面发挥作用，包括生命线系统的合理布局、功能的发挥、鉴定与更新等，避免次生灾害的产生。

5 结语

可持续发展是 21 世纪的主题，可持续发展系统的运行机理就是促进人类之间以及人类与自然之间的和谐，强调环境与发展相互协调，这在一定程度上就是防灾减灾体系中的有机组成部分，而防灾减灾是减少灾害损失的重要途径，是促进人类可持续发展的基本保障。汶川地震虽然已经过去，但其造成的巨大生命和财产损失仍然历历在目，刻骨铭心。因此，在系统总结国外先进经验的基础上针对我国城市防灾减灾工作面临的突出情况，确切了解城市所面临的灾害类型及其风险大小，在快速城市化进程中，才能有针对性地进行城市防灾减灾安全规划。

参考文献

1. 马宗晋，张业成等. 灾害学导论 [M]. 湖南人民出版社，1998：206~208
2. 中国 21 世纪议程——中国 21 世纪人口、环境与发展白皮书 [M]. 中国环境科学出版社，1994：152
3. 中国灾害防御协会，北京减灾协会编. 中国减灾与新世纪发展战略 [M]. 气象出版社，1999

4. 四川省人民政府. 四川省城镇体系规划（2001－2020）总报告［Z］. 2003：78，110
5. 国家汶川地震灾后重建规划工作正式启动［N/OL］. 2008－06－01. ［2008－06－07］. http：//news. xinhuanet. com/newscenter/2008－06/01/content_ 8294081. htm
6. 中国地震局. 汶川地震基本参数. http：//www. cea. gov. cn/2008－05－25

灾害与社会管理专家论坛丛书

发挥社区组织作用构建平安社区
——从汶川特大地震抗震救灾过程中社区组织所发挥的作用谈起

民盟四川省委教育工作委员会委员
中共四川省委党校副教授　卿成

中国是一个多灾害国家。发生大的自然灾害，都会导致进入社区救援道路破坏，社区内混乱，甚至生命线系统"中断"，所以建设平安社区，使社区本身具有一定的自救能力，是十分重要的，也是十分必要的。这一点，"5·12"汶川特大地震抗震救灾过程中社区作用的发挥，给我们提供了很好的案例，也给了我们一些有益的启示。

1 社区组织在抗震救灾救援阶段所发挥作用的分析

"5·12"汶川特大地震是中华人民共和国成立以来破坏性最强、涉及范围最广、救灾难度最大的一次地震。据统计，在这次特大地震中，四川省倒塌房屋、严重损毁不能再居住和损毁房屋涉及近450万户，1000余万人无家可归；重灾区面积达 10 万 km²。遇难人数达到 68683 人，失踪 18404 人，受伤 360358 人。地震发生后，从废墟中救出生还者 8 万余人，共安置受灾民众 800 多万人，基本做到了受灾民众有饭吃、有衣穿、有干净水喝、有临时住处。

能够收到如此良好的抗震救灾效果，中央和省、市、县各级党委政府有力、有效的指挥，全国各地的有力支援，是一个重要原因；社区组织发挥积极作用，也是一个十分重要的原因。

1.1 灾害发生第一时间，社区组织迅速组织了互助救援

在自然灾害尤其是特大自然灾害发生以后，第一时间组织的救援是提高受伤人员尤其是严重受伤人员存活率的关键，是保证受灾民众生存的关键。调研情况显示，"5·12"汶川特大地震发生以后，灾区基层政府和社区组织迅速地实现了由平时的社会管理职能向紧急状态下的应急救援组织机构的转变。极重灾区都江堰市的调研情况显示，村（社区）书记、主任们在抗震救灾中的一个共同点，就是在第一时间组织安排辖区老百姓自救，没有一个是等待上级指示后再行动的。

这次"5·12"汶川特大地震受灾面积广，而且道路损坏严重，外来救援十分困难，不少乡镇和社区一度成为"交通孤岛"，给外来救援造成了极大的困难。根据我们在都江堰市、彭州市、绵竹市、北川县、青川县等极重灾区的调查，外来救援人员 5 月 13 日、14 日进入救援的有都江堰市向峨乡某村、彭州市龙门山镇国坪村和团山村、绵竹市遵道镇棚花村和双家村、北川县擂鼓镇胜利村、都江堰市洪口乡某村等，外

来救援人员于5月16日、17日进入救援的有彭州市小渔洞镇江桥村和大湾村等；外来救灾物资于5月14日、15日送到的有都江堰市洪口乡某村、都江堰市向峨乡某村、彭州市小渔洞镇江桥村、绵竹市遵道镇棚花村、青川县凉水镇某村，外来救灾物资于5月16日、17日以及20日才送到的有北川县擂鼓镇擂鼓村和胜利村、彭州市小渔洞镇大湾村、彭州市龙门山镇国坪村、彭州市龙门山镇团山村等。

在外来救援人员和救灾物资到达之前，当地乡镇和社区组织第一时间组织的救援为受伤人员的救治，为受灾民众的生存，起到了关键作用。下面是重灾区社区组织在特大地震发生第一时间组织救援的一组数据：

北川县擂鼓镇胜利村外来救援人员进入以前，抢救村民35人，转移遇险人员1400人；外来救灾物资送到以前，就地组织救灾食物1500公斤，能够维持3天；外来救灾物资送到以前，搭建了临时安置房（避震棚）共安置村民310户1100人。

绵竹市遵道镇棚花村外来救援人员进入以前，抢救村民25人，其中住院25人，转移遇险人员25人；外来救灾物资送到以前，搭建了临时安置房（避震棚）共安置村民168户860人。

彭州市小渔洞镇江桥村外来救援人员进入以前，抢救村民4人，其中住院4人，转移遇险人员620人；外来救灾物资送到以前，就地组织救灾食物300公斤，能够维持3天；外来救灾物资送到以前，搭建了临时安置房（避震棚）共安置村民190户648人。

彭州市小渔洞镇大湾村外来救援人员进入以前，抢救村民12人，其中住院6人，转移遇险人员839人；外来救灾物资送到以前，就地组织救灾食物350公斤，能够维持2天；外来救灾物资送到以前，搭建了临时安置房（避震棚）共安置村民68户206人。

在汶川特大地震发生后第一时间的救援过程中，有很多社区领导人可歌可泣的事迹。5月12日下午汶川特大地震发生那个难忘的时刻，理县通化乡卡子村党支部书记张朝军和另一位村干部正在乡里开会。眼见着对岸山体崩塌，他们不顾一切地冲过还在剧烈摇晃的吊桥，组织大家往对岸疏散。下午16时许，张朝军正准备询问村民伤情，眼前的山体突然大面积滑坡，在房屋前查看自家损失的300多名村民吓呆了，不知该向何处躲避。此时，张朝军毫不犹豫地向滑坡方向人群聚集的地方奔去，边跑边喊："莫慌，往我后面地里跑！"听到支书的声音，大家一下找到主心骨。随即，张朝军先指挥身强力壮者带着伤员、老人和孩子向山外疏散。400多名乡亲来到安全地带后，他仔细清点人数，有人告诉他一位村民在自己家的院子里被山石击中没有跑出来，张朝军立即带人冲回到处都在飞石的山村。正在救人的张朝军得知儿子被石头击中。但面对失声痛哭的村民，张朝军选择了留下来，一面组织救人，一面叫人赶快到乡里报信，请求救援。忙乱的场面渐渐平静下来时，已经是下午6时多，张朝军才赶到通化乡卫生院看儿子。然而重伤的儿子永远离开了他。

由于灾区社区组织第一时间的救援组织有力，极大地保证了受灾民众的存活机会。调研情况显示，绵竹市清平乡将近

6000 名群众分两次转移到安全地方；青川县关庄镇疏散群众 2000 多人到相对安全的地方，确保了灾民的生命安全。正是因为有了这么一批无私的社区领导人，正是因为有了这么一批可爱的社区领导人，正是社区组织在特大地震发生的第一时间组织了积极有效的救援，为受伤人员的抢救赢得了宝贵的时间，正是社区组织在特大地震发生的第一时间组织了积极有效的救援，为受灾民众的生存创造了条件。

1.2 信息沟通，社区组织发挥着上传下达的枢纽作用

面对重大灾害，下情上达，上令下传，信息沟通对于救援工作的有效展开，是十分重要的。这次汶川特大地震发生时，社区组织作为政府的得力助手，在信息沟通方面发挥了出色的作用。这次汶川特大地震，重灾区很长时间停水停电，电话不通，电视无法看，正常情况下的信息传递完全失去了作用，极重灾区很多地方成了"信息孤岛"。灾区受灾情况的收集和上报，全靠灾区基层党政机关和社区组织；各级党政机关抗震救灾的指令，全靠基层党政机关和社区组织向灾民传达。可以说，这次汶川特大地震能够组织有序地进行，社区组织功不可没；这次汶川特大地震抗震救灾能够收到让世界刮目相看的效果，社区组织功不可没。

四川省汶川县银杏乡沙坪关村党支部书记龙德强，在结发 30 年的妻子被永远深埋于地下，大哥大嫂及侄儿转眼间倒在废墟里的情况下组织受灾民众互助救援，并及时地向上级报告了灾情。5 月 21 日，上级组织全村疏散转移。为了鼓励大家有序转移，龙德强对大家说："只要有一个村民在，我就不会

先离开!"由于组织有序,转移及时,全村3000多人得以脱险。

正是因为有了这么一批优秀的社区领导人,他们及时地把灾区的实际情况反映给政府,帮助政府制订更加科学有效的救灾措施;他们及时地把政府抗震救灾的指令传达到每一个灾民,使政府制订的抗震救灾措施真正变成了实际的抗震救灾行为。

1.3 大量外来志愿者进入灾区参与救援,社区组织发挥着组织指挥功能

从灾难发生的那一刻开始,志愿者就开始投入到抗震救灾中。5月13、14日两天,几十万志愿者涌入到四川,在随后的救援时间中仍有志愿者源源不断到达灾区。调查发现,汶川大地震灾区志愿服务,在中国救灾志愿服务历史上,首次做到了"三同步"——志愿者与部队同步进入服务救援工作,志愿者与医疗队伍同步进入服务救护工作,志愿者与当地干部群众同步进入服务自救工作。第一批在13、14日进入灾区服务的志愿者,主要是自发志愿者和自组织志愿者,他们不需要经过请示、审批,具有热情就自主投入灾区服务。

四川省抗震救灾指挥部于2008年5月15日发布公告,指定共青团四川省委为志愿者招募、组织、协调机构。但是事实上许多志愿者并没有到团委系统登记,很多志愿者在"无组织"状态下深入灾区社区进行各种志愿服务,很多志愿者没有救灾经验,对灾区的救灾需求并不清楚。这种情况下,社区组织的指挥协调使志愿者更加有序、有效地参与救

灾活动。

比如彭州市龙门山镇国坪村志愿者来了400人次，团山村志愿者来了809人次，这些志愿者带着一腔热血进入灾区，为灾区救援工作增添了力量。但是由于很多志愿者没有专业救援知识，又不熟悉灾区情况，社区组织做好组织协调工作，对于志愿者更好地发挥作用具有重要作用。

抗震救灾初期，救人是第一位的，社区组织指挥协调志愿者有序地参与废墟找人、伤员救治，以及救灾物资搬运、发放等活动；灾民转移安置阶段，社区组织指挥协调志愿者有序地展开临时安置点的心理抚慰、防疫等各种服务活动。这些组织指挥，虽然有时受到了一些志愿者的非议，有时与志愿者的意愿发生分歧甚至冲突，但是，总体来看，社区组织的指挥协调确实使分散的志愿者活动更加有序、有效地进行，与社区救灾活动形成了合力，收到了较好的效果。

1.4 大量外来救援物资进入灾区，社区组织发挥着组织协调功能

"5·12"汶川特大地震破坏性极大，转瞬之间，灾区民众平时赖以生活的基本物资即埋于废墟之中，四川地震灾区受灾人口4624万人，救援设备、救灾物资如帐篷、药品、食品、衣物、燃油等严重紧缺，大量外来救援物资进入灾区不仅成为了生命救援的必需，也成为了灾区幸存者生存的基本需要。灾害发生后，全国各地纷纷捐款捐物支援灾区，一时间，各种救灾物资源源不断地从铁路、公路、空运等途径汇聚到成都，中央和省市调拨的各种救灾物资分送到四川地震灾区，一辆辆挂

有"众志成城抗震救灾"、"心系灾情情系灾民"、"奉献爱心支援灾区"等醒目红色标语的汽车源源不断地奔驰在开往灾区的道路上。

据统计,应急期间,四川全省共发放帐篷126.1万顶,确保了上千万受灾群众的居住需求。截至2008年6月23日,仅四川省各级民政部门就组织发放方便食品200余吨、口粮5800余吨、食用油160余吨、饮用水9300余吨、取暖燃料400余吨、棉被228万床、衣物132万件(套)。这么大量的救灾物资要及时、公平、有序地发放到灾区老百姓手上,都是经过灾区社区组织来完成的。

1.5 灾民临时安置,社区组织发挥着"战时服务所"功能

"5·12"汶川特大地震,极重灾区县(市、区)10个,全部在四川省;41个重灾县(市、区),其中29个在四川省。在这些极重灾区县和重灾县,大部分民房受损严重,无法住人,上千万老百姓需要转移安置。为了保障老百姓的生命安全,大规模的人员转移和安置几乎是与抢险救援同时进行的。

面对处在极度恐惧和慌乱之中的群众,各受灾县(市、区)以及乡镇党委政府和社区组织紧急行动起来,采取各种有效的应对措施,一方面对被困者和伤者实施紧急转移和救治,集中控制与分配食物和水等重要物资,千方百计筹集帐篷、药品、衣服、棉被、食品、手电筒等救灾物资,切实保障灾区群众有饭吃、有衣穿、有干净水喝、有临时住处;一方面组织人员寻找相对安全的地点搭建临时避难篷,紧急安置群众。根据四川抗震救灾百日工作情况报告统计,四川灾区紧急

转移安置受灾群众1190万人，在四川地震灾区形成了一个个"帐篷安置区"和"板房安置区"。

在这些"帐篷安置区"和"板房安置区"，大量灾民临时集聚在一起，住所问题、各种生活问题以及管理问题接踵而至。四川灾区各地在住所保障、衣食保障和卫生防疫等方面采取积极有效的措施，并充分发挥社区组织的积极作用，实现了有序组织，保证了各种措施的落实，避免了灾民流离失所和疫病流行，确保了灾民在临时安置时期的安全生活。

在住所保障方面，在应急住所安置到过渡住所安置两个阶段，基层社区积极配合政府，采取搭建帐篷、篷布房、活动板房、自建房和投亲靠友、租房、利用大型公用设施临时安置等多种具体办法，实现了政府提出的"实现地震灾害发生一个月以内确保每个受灾家庭得到临时安置，三个月内每个受灾家庭得到过渡性安置"的总体工作目标。

比如帐篷的发放，最初几乎所有灾区基层都存在帐篷严重供不应求的问题，基层社区都是按倒房户、特困户、孤寡老人、残疾户、家有孕妇、家有婴儿、家有80岁以上老人、家有遇难者的顺序发放。做到了先群众，后党员和干部，并在镇村组公示。

在衣食保障方面，为解决受灾群众吃饭、穿衣和饮用水问题，政府在提供生活补助和生活物资方面采取了一系列措施。5月20日，根据国务院意见，民政部、财政部和国家粮食局联合下发通知，对因灾生活困难的群众实施临时生活救助；对因灾造成的"三孤"人员给予每人每月600元的补助；对因灾死亡人员的家属，每人发放5000元抚慰金。各地基层社区积极做好了"个人申报、村组评议"的工作，经过"乡镇审核、县市区确定"以后"张榜公布"，使政府的救助措施及时落实到了各种救助对象。

在卫生防疫方面，基层社区组织配合政府做好了消毒等防疫工作，确保了"大灾之后无大疫"。汶川特大地震发生以后，随着时间的推移，人口过于密集的集中居住点、废墟、遗体、伤口、酷热使传染性疫情暴发的可能性大增。迅速开展水源保护、环境消毒、食品卫生和传染病防控工作，是实现"大灾之后无大疫"的重要保障。据统计，地震发生以后10天内，四川各地出动人员11.67万余人次，消杀面积5.4亿m^2，处理遗体15915具，处理动物尸体120.3万具。

5月15日，卫生部决定对四川受灾严重县的防疫工作实施分省包干办法，一个省包一个县，全力负责当地的卫生防疫工作。震后3个月，来自省内外的1.6万多名卫生防疫人员深入四川灾区，直接参与并指导地方政府和社区组织开展防疫工作，累计消杀面积达46.44亿m^2。

在灾后百日，安置上千万群众，没有发生饥荒，没有出现流民，没有爆发疫情，没有引起社会动荡。联合国减灾战略秘书处执行主任萨尔瓦诺对中国政府有效动员国家各种可以使用的资源进行灾害救助，表示赞赏，称中国政府在这方面为世界提供了一个典范。

1.6 稳定灾区社会秩序，社区组织发挥着"稳定剂"的功能

在重大灾害面前，社区组织是居民的主心骨。社区组织的干部，日常生活和工作于人民群众之中，他们既是社区管理和

服务的组织者和管理者，同时他们又是人民群众的一员，很多干部在日常工作中与人民群众打成一片，同人民群众建立了深厚的感情。汶川特大地震发生以后，社区干部舍小家顾大家，为着救助社区民众而奔波，为社区民众的安置和生活而忙碌，更赢得了人民群众的信任和尊敬。社区干部了解老百姓的思想，他们说的话老百姓喜欢听，他们的组织工作不仅有效地指挥灾区的救灾，更稳定了社区的民心，稳定了灾区的社会秩序。

特大地震发生，灾难突如其来，不少家庭失去了亲人，很多家庭财产损失严重，有的甚至顷刻之间变得一无所有。在特大地震发生之初，大家尚处于惊恐、彷徨之中，三五天过后，失亲之痛，失产之悲，也就涌上人们心头。一时之间，悲痛的情绪笼罩着灾区，很多人痛不欲生，人们变得十分脆弱，也变得十分容易激动、暴躁，有时甚至为一点小事而发怒，有时为一些不实的信息甚至谣言而怨愤。面对脆弱的民众，面对悲痛情绪蔓延的局面，灾区的不少社区干部强忍着自己失去亲人的悲痛，走家串户，安抚破碎家庭，安抚受灾家庭。这一时间，社区组织发挥着"心理治疗"的功能，社区干部以自己的一言一行影响着大家的情绪，使灾区民众止住了眼泪，积极投身于抗震救灾之中。

2 社区组织在恢复重建阶段所发挥作用的分析

发挥社区组织在恢复重建阶段的作用，最大限度地提高恢复重建的成效，这是四川地震灾区值得总结的一个经验。

2.1 灾区房屋重建，社区组织是政府的助手，发挥了重要的组织协调功能

"5·12"汶川特大地震中，四川农村居民住房倒塌160.6万户，1.5449亿 m²，严重受损房屋187万户，1.79892m²，灾后农房重建任务十分艰巨。

我们调查的彭州市龙门山镇国坪村，在汶川特大地震中，全村共计死亡村民128人，伤残村民430人，灾后农房重建时，全村统一规划就地集中重建的有9个社335农户，统一规划就地分散重建的有3个社85农户，原址就地重建的有3个社85农户；北川县擂鼓镇胜利村共计死亡村民55人，伤残村民78人，灾后农房重建时，全村统一规划就地集中重建的有9社478农户。这些受灾严重的村，在灾后农房重建中，占地问题、资金不足问题、群众意见不统一问题、道路不通的问题、建筑材料供应难问题，都比较突出，直接影响着农房重建的推进。

在灾后农房重建中，社区组织协助政府，积极做好农房重建的规划工作，原址基础损毁严重、需要集中重建的，还要做好老百姓的思想工作，做好建设用地的分配工作；在农房重建过程中，还要协助政府做好各阶段建设材料的需求统计、供应等工作。正是由于社区组织有力、有效的组织协调工作，才保证了灾区农房重建的有序推进。

2.2 灾区生产恢复重建，社区组织是重要的领头人和参谋，发挥了指挥协调功能

"5·12"汶川特大地震对灾区生产条件造成了极大破

坏，给灾区生产自救带来极大困难。据统计，这次特大地震造成几十万亩农田被毁，大棚设施损毁面积2441.2万 m^2，办公及生产用房损毁面积90.9万 m^2，沼气池损毁52.4万口。林木损毁面积493万亩，林区道路损坏长度4859km，林区房屋损毁面积311.1万 m^2，林区输电线路损坏长度2837km，林区通讯线路损坏长度1675km，林区电站损毁82座。在极重灾区的汶川县，原有耕地10.65万亩，地震导致灭失土地4.2万亩，严重损毁4.8万亩，居民生存基础严重缺失。

龙门山脉一带，从崇州、都江堰到什邡、绵竹、江油一线，过去都依托良好的生态发展特色农业，依托优美的风景发展休闲旅游，农民的收入因此而不断增长。特大地震却使农民赖以增收的条件彻底改变了，不少地方甚至连农民生存的基础都彻底毁坏了。老百姓幽默地说，"辛辛苦苦几十年，一震回到零起点"。但是，地震难以挡住灾区自救的脚步。在四川灾区广大农村，各县区采取县干部包乡（镇）、乡（镇）干部包村、村干部包户、党员与灾民结对子的方式，积极帮助指导群众抗灾生产自救。

调查过程中，我们了解到，5月20日晚，在江油、绵阳城区的4900多名桂溪灾区群众全部返回家乡，开展生产自救。5月20日，青川县马鹿乡马鹿村3组见到村民王德富带着妻子和70多岁的母亲在地里抢收小麦，他的身后就是倒塌的房屋。这些动人的故事，表现了灾区民众坚强不屈的精神，也从一个侧面说明社区组织的工作成效。

特大地震发生后，根据上级政府的要求，灾区各地都在高起点进行产业重建的规划，力求在重建中发展特色产业，实现产业升级。灾区的社区组织积极组织老百姓讨论产业重建的新思路,积极落实产业重建的新发展。什邡市蓥华镇竹溪村在灾后农房重建的时候就把今后发展特色休闲旅游产业发展纳入规划,并引入羌绣,请来羌绣能手教本村妇女学习羌绣。绵竹市遵道镇棚花村,充分发挥"年画之乡"的优势,引入企业为龙头,带领本村村民学习年画绘画和制作,为今后发展特色休闲旅游打下了坚实的基础。

2.3 灾区社会重建,社区组织发挥了重要的社会结构重组功能

"5·12"汶川特大地震,不仅造成极大的地质破坏和严重的经济损失,灾区农村生产生活条件破坏严重,灾区民众生活重建面临的困难很大;特大地震还造成了社会的极大破坏,灾区社会结构不同程度的破碎,社会关系体系重建面临的困难很大。

首先,家庭破碎使灾区社会基础受到严重破坏。截至2008年7月15日,四川地震灾区已确认因灾遇难68684人、遗体安葬68669人、失踪18238人、受伤360358人;地震灾后新增"三孤"人员1438人(截至2008年8月20日)。这场突如其来的特大地震,使不少家庭失去亲人,顷刻之间变成了破碎的家庭。我们调研的安县茶坪乡德胜村,死亡配偶的有12户,安县茶坪乡万佛村死亡配偶的有6户,绵竹汉旺镇新开村死亡配偶的有9户。安县茶坪乡德胜村死亡子女的有4户;绵竹汉旺镇新开村死亡子女的有28户,子女致残的有10户。特大地震灾害使人们原来家庭生活的平衡状态被打破了。

家庭的破碎，使人们赖以生活的基础结构一夜之间完全改变了；家庭的破碎也使人们的亲缘结构，使人们的社会关系遭到了破坏，打破了灾区民众的生活常规，破坏了社会结构的基础。

其次，部分灾区基本生存条件丧失，灾区社会生活难以持续，迫使他们异地重建家园。据不完全统计，灾区近三分之一的居民住房被毁，生活设施丧失，生产设备破坏，地震给灾区带来前所未有的就业压力，大量职工失去工作，因灾伤残的就业困难人员剧增，零就业家庭增加，出现了大批失去土地和农业收入来源的农村劳动者，在以上因素的共同作用下，灾区劳动失业率较震前提高几乎一倍。其中"三无"人员（无生产资料、无生活来源、无住房）891.33万人，"三孤"人员（孤儿、孤老、孤残）31.11万人。

再次，地震后灾区社会心态普遍不稳定，主要表现在以下几方面：一是失去亲人的灾民在巨大的悲痛刺激下情绪容易失控，出现过激行为；二是由于家庭财产损失严重，部分灾民对转移安置条件不满意；三是贫困家庭大大增加，他们对脱贫致富的前景十分忧虑。

这些问题使灾区生活重建和社会重建面临很多困难，也是摆在社区组织面前的重要任务。异地重建，不少家庭由原来的社区走到一起，重新组成新的社区，社区组织担当起了新的社会关系重建的任务。子女死亡符合再生育条件而有生育能力的，需要再生育，社区组织积极配合政府做好生育指标的发放。大量的丧偶家庭需要重新组建新的家庭，社区组织积极当好"红娘"，促成家庭重建。正是由于灾区广大社区干部的不懈努力和心情舒畅，使灾区的生活重建和社会重建收到了良好的效果，它维系了四川灾区的社会稳定。

3 汶川大地震抗震救灾的启示

3.1 社区组织应该有重大灾害救灾的可操作性预案

开展与社区应急预案相匹配的社区防灾规划，制订社区"救灾预案"，是保证大灾来临之时，社区有效救灾，特别是第一时间有效地实施生命救援的可靠保证。

从这次汶川特大地震救灾情况来看，四川地震灾区绝大多数社区都没有"救灾预案"。所以，当特大地震发生以后，很多地方都没有一套切实可行的救灾方案，大多数社区干部都是凭着"一腔热血"，凭着共产党员对人民的忠诚，凭着对乡亲的感情，投身于救灾活动，投身于救灾组织工作。怎样才能有序、有效地组织乡亲们"自救"和"互救"，他们根本不清楚；怎样才能更好地安置从灾难中逃脱出来的民众，在什么地方安置这些民众更安全，他们更不清楚。所以，如果我们冷静地分析一下这次抗震救灾，我们就会发现，社区的救灾，社区的救灾组织是积极的，但是，不少地方的救灾是"情感化"的、"非组织化"的，否则，这次的救灾成效是还可以大大提高的，特别是第一时间的生命救援更是这样。

这次救灾给了我们一大启示，这就是要加强"社区救灾规划"。要将切实可行、有科学性的救灾预案落实到每一个社区，同时要按照该社区的灾害特点及"风险地图"编制社区反映常态安全建设的防灾规划，它不仅应体现出一个应急状态下有序的公民防灾应对能力，更要从防灾建设的土地与空间上给出要求，如社区公园可否成为避难场地，社区地下车库在什么灾害来临时可以防御，该社区在失去外援情况下是否有医疗急救能力等。只有"预案"与"规划"相结合并补充，才能创造安全社区的整体氛围。

3.2 社区组织在重大灾害救灾过程中要有前线指挥所的功能，构建平安社区，首先应该提升社区组织的指挥协调功能

要使社会安全减灾的自救能力得到保障，不仅有赖于政府的立法约定，更有赖于公众安全意识及家庭安全计划的制定与实施，最为重要的是提升社区组织的指挥协调功能。

社区组织是灾害来临时的前线指挥所，特别是在特大灾害来临时，社区往往断绝了与外界的联系，变成了"交通孤岛"、"信息孤岛"，社区组织就成了组织指挥灾区民众自救互救的唯一组织。社区组织的组织指挥能力，直接影响着社区救灾的效果。

从这次汶川特大地震救灾情况来看，广大社区干部的责任心是很强的，灾难面前，他们首先想到的是社区民众的生命安全，但是，我们不能不看到，由于大多数社区都没有制订防灾救灾规划，大多数社区干部都没有经过防灾救灾的培训，很多社区干部没有救灾指挥经验，救灾指挥能力不强，他们不清楚应该怎样指挥救灾，不清楚应该怎样救灾，这就使得不少地方的救援效果大打折扣，特别是第一时间的生命救援。

由此看来，我们应该特别注重安全社区概念下的"社区

减灾"和"社区救灾",要强化社区的防灾减灾规划,尤其要强化社区组织的救灾能力建设,要让最基层社会结构单元具备"自救"和"自保"的基本防灾能力,要加强社区干部培训,使之提高救灾指挥素质和能力。这样,才能保证大灾来临之时,社区干部能够临危不乱,镇定自若地组织指挥社区民众自救、互救,才能取得更好的救灾实效,保证社区民众的生命安全。

3.3 社区组织要加强社区居民的安全教育,增强社区居民的"防灾""减灾"意识,尤其要加强组织"救灾组织"和集中居住的"特定人群"的"救灾演练",增强"自救""自保"能力

这次汶川特大地震,四川安县桑枣中学就得益于平时的安全防范和演练。桑枣中学学校所在的安县紧临着地震最为惨烈的北川,学校外的房子百分之百受损,90多位教师的房子都垮塌了,其中70多位老师,家里砸得什么都没有了。

汶川特大地震发生后,桑枣中学校长叶志平从绵阳疯了似的冲回来,冲进学校,看到的是这样的情景:8栋教学楼部分坍塌,全部成为危楼。他的学生,11岁到15岁的娃娃们,都挨得紧紧地站在操场上,老师们站在最外圈,四周是教学楼——他最为担心的那栋他主持修理了多年的实验教学楼,没有塌。老师们迎着他报告:学生没事,老师们都没事。这时,他浑身都软了。55岁的他,哭了。通信恢复后,老师们接到家长的电话,会扯着嗓门大声骄傲地告诉家长:我们学校,学生无一伤亡,老师无一伤亡——说话时眼中噙着泪。

安县桑枣中学校长叶志平,是四川省优秀校长,他平时的防灾避险意识十分强。从2005年开始,每学期他都要在全校组织一次紧急疏散的演习。每个班的疏散路线都是固定的,学校早已规划好。两个班疏散时合用一个楼梯,每班必须排成单行。每个班级疏散到操场上的位置也是固定的,每次各班级都站在自己的地方,不会错。

教室里面一般是9列8行,前4行从前门撤离,后4行从后门撤离,每列走哪条通道,娃娃们早已被事先教育好。孩子们事先还被告知的有:在2楼、3楼教室里的学生要跑得快些,以免堵塞逃生通道;在4楼、5楼的学生要跑得慢些,否则会在楼道中造成人流积压。长期演练下来,学生老师都习惯了,每次疏散都井然有序。

他对老师的站位都有要求。老师不是上完课甩手就走,而是在适当的时候要站在适当的位置,他认为适当的时候是:下课后、课间操、午饭晚饭、放晚自习和紧急疏散时——都是教学楼中人流量最大的时候;他认为适当的位置是:各层的楼梯拐弯处。

老师之所以被要求站在那里的原因是,拐弯处最容易摔,孩子如果在这里摔了,老师毕竟是成人,力气大些,可以一把把孩子从人流中抓住提起来,不至于让别人踩到娃娃。

那天地震,校长不在。学生们正是按着平时学校要求、他们也练熟了的方式疏散的。地震波一来,老师喊:所有人趴在桌子下!学生们立即趴下去。老师们把教室的前后门都打开了,怕地震扭曲了房门。震波一过,学生们立即冲出了教室,老师站在楼梯上喊着"快一点,慢一点!"

那天，连怀孕的老师都按照平时学校的要求行事。地震强烈得使挺着大肚子的女老师站不住，抓紧黑板跪在讲台上，但也没有先于学生逃走。唯一不合学校要求的是，几个男生护送着怀孕的老师同时下了楼。

由于平时的多次演习，地震发生后，全校师生，2200多名学生，上百名老师，从不同的教学楼和不同的教室中，全部冲到操场，以班级为组织站好，用时1分36秒。

来自四川地震灾区的这个让人欣慰的故事，给了我们一个深刻的启示，这就是要加强社区居民尤其是人群集中区平时的防灾演练，在大灾来临的关键时刻，是居民自救自保的基本保障。建设平安社区，提高社区居民在大灾之时的自救自保能力，要从平时抓起，要通过不断的演练，提高社区居民的防灾减灾能力。

这里尤其要强调的是，社区救灾组织要加强演练，要养成和提高救灾的基本素质和能力。有一支训练有素的救灾队伍，这是一个社区面临大灾难的时候，有效地实施"社区自救"和"互救"的基本保证。

3.4 社区组织要强化防灾减灾组织功能，最大限度地整合社区力量，建设一支强悍的救灾队伍

社区是防灾减灾最基层的单元，社区组织是防灾减灾最基层的组织者，提高社区组织防灾减灾的能力，是提高国家防灾减灾能力的根本保证。提高社区组织防灾减灾的能力，关键是要最大限度地整合社区力量，建设一支强悍的救灾队伍。这里包含两个方面的内容。

首先是要整合力量，组建一支招之即来，来之能战的救灾队伍。要把这支队伍建设作为社区建设的一个重要任务。社区要把共产党员、共青团员、民兵、妇女、医疗卫生、专业组织等各种团体、各种力量组织起来，建设一支非常设但面临灾难又能迅速集合的救灾队伍。在这支队伍中，要进行必要的分工，平时要不断开展演练，使这支队伍中的每一个成员都成为救灾的专业人员。

其次，要为社区救灾队伍配备必要的设备，使之具备必要的救灾条件。各级政府要把社区救灾队伍建设纳入公共服务体系建设之中，各级财政要把社区救灾队伍的设备配备纳入公共财政开支范围，逐年增加社区救灾队伍的设备，使之不断充实，不断完善。

"5·12"汶川特大地震，给我们留下了社区救灾的经验，也给了我们深刻的教训，给了我们深深的启示，我们要从总结经验教训，不断强化平安社区建设的意识，不断增强社区防灾减灾和救灾的能力。相信通过我们的不懈努力，我国社区防灾减灾和救灾的能力将不断增强。

灾害与社会管理专家论坛丛书

科学管理土地促进防灾和重建

民盟中央经济委员会副主任
国土资源部规划司司长　　董祚继

　　土地不仅以其生物生产和生态环境功能影响可持续发展，也以其物质载体功能直接影响人类活动和城乡建设的安全。土地既是重要资源，又是基本财产；地震等突发性重大灾害可能在顷刻之间毁灭人类长期建设的成果甚至夺去人类生命，但不能毁灭土地，仍然存在的土地可以在灾后恢复重建中发挥关键作用。因此，科学管理土地，成为防灾减灾和灾后重建的重要环节乃至根本措施。在此，我们着重讨论两个问题，其一，如何将基础地质因素纳入建设用地适宜性评价，进而科学制定土地利用规划和城乡建设规划，实现最大程度防灾减灾；其二，如何充分运用土地这一重要的资源和资产，发挥土地利用综合效益，大力支持灾后重建。显然，对有关问题的深入研究，不仅对正在进行的汶川地震灾后重建，而且对进一步推进国土防灾减灾和平安社会建设，都具有重要意义。

1 加强建设用地规划布局的地质灾害影响评价*

1.1 评价背景

2008年"5·12"汶川特大地震这场空前灾难,激发了全人类的人文关怀和对大自然的更深敬畏,也加深了各国政府对防灾减灾重要性的认识。从对过去土地利用规划和城乡建设规划的反思中,我们深感作为规划科学基础的建设用地适宜性评价,对地质条件等自然因素的影响缺乏应有重视,特别是科学的定量、定位评价明显不足。地震灾害作为危害最大的一种地质灾害,虽然在现有的认识水平和认识能力下难以做到准确预测,但从地震与地质条件、工程建设的密切联系中,许多情况下还是能够做到有效避让和减轻危害的。地震发生促成断层的生成、发育和活动,断层活动又诱发地震以及崩塌、滑坡等地质灾害,后者对工程设施产生重大的破坏作用,工程建设本身也可能诱发或加剧地质灾害。基于这些规律性的认识,在各类建设用地规划布局中,首先必须深入调查分析地质灾害的影响,利用震害程度在空间上分布的不均匀性,在建筑场地选择时尽可能趋利避害,防灾减灾;其次,要根据地震活动断层的探测普查成果,对照检查已有的建设工程,尤其是供水、排水、供气、供热、交通、通讯、电力等生命线工程,以及因地震可能引发火灾、水灾、爆炸等的次生灾害源工程,是否避开了断层

---

* 参加研究工作还有西南财经大学白云升、朱明仓、辜寄蓉等。

等，并相应采取加固或搬迁措施；第三，要按照安全优先的原则，明确划定禁止建设用地范围界线，新建项目一律不得安排在地震活动断层和隔离防护带上，同时充分考虑不同类型建筑的功能差异和对地震危害性的敏感程度，确定建筑抗震设防类别分区，科学避让地震灾害；第四，要考虑地质活动构造对建设用地适宜性的影响，将地质活动构造指标纳入区域建设用地适宜性综合评价，在防灾减灾的同时合理利用有限的土地资源。

1.2 评价方法

（1）考察评价区域的地质背景，划分地震活动区域。根据地方志中地震活动历史记载和研究区域调研结果，标识活动构造带位置、性质和活动强弱程度，按照地震震级、烈度和震中距离的不同组合结果，推演地震可能影响的范围和力度，将研究区域分为地震活动稳定区、地震活动基本稳定区、地震活动较不稳定区和地震活动不稳定区。

（2）研究地震诱发次生灾害的可能性，并提出相应措施。地震灾害可能诱发一系列次生灾害，如出现山体崩塌、滑坡、泥石流，水坝河堤决口造成水灾，震后流行瘟疫，易燃易爆物的引燃造成火灾、爆炸或由于管道破坏造成毒气泄漏以及细菌和放射性物质扩散对人畜生命威胁等等，灾害点和危险设施污染源等级不同，产生次生灾害的可能性和影响范围也不同。要研究地震灾害对已有地质灾害点和危险设施污染源的影响，相应采取加固或搬迁措施。

（3）合理确定地震设防布局。按照《建筑工程抗震设防分类标准》（GB50223—2004），各类建筑根据其使用功能的重要性分为甲类、乙类、丙类、丁类四个抗震设防类别。要充分考虑不同类型建筑的抗震设防类别，调整距活断层的距离，适当增加建筑成本以提高建筑物的抗震等级。

（4）在科学评价基础上确定建设用地结构布局。综合考虑建设用地的地质环境条件和其他要求，评定建设用地的适宜等级，作为确定建设用地结构和布局的依据。增加地质灾害影响因素的土地适宜性评价及其与规划的关系见下图。

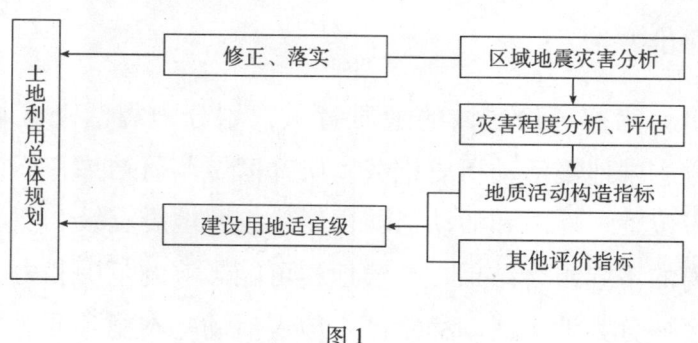

图1

1.3 实证研究

按照上述方法，对成都市龙泉驿区进行了实证研究。

1.3.1 区域背景

龙泉山断裂带是成都境内一条重要的活动断裂带。它北起中江，依次经过金堂、青白江、简阳、龙泉驿、双流、仁寿、井研，南至乐山市新桥镇，全长200km，宽约15~20km，呈北东—南西方向展布。该断裂带上曾发生过5.5级破坏性地震（1967年1月24日双流籍田）。成都市城区距龙泉山断裂带不足20km。龙泉山地区人口比较稠密，是重要的工业、农业、教育基地，成渝铁路和若干重要公路干线横跨该带，当地还有黑龙滩水库、三岔湖水库和龙泉山引水隧洞等重要水利工程。因此，结合龙泉山断裂带地质构造来研究其地震活动性对建设用地规划布局的影响具有典型意义。

1.3.2 地震灾害危害程度划分

考虑到研究区域的具体情况，将龙泉驿区可能的地震灾害破坏强度定义为三个等级：弱震级、中强地震级、强震级。

表1

类型 \ 别类	弱震级	中强震级	强震级
1	震级≤3	3＜震级≤5.5	震级＞5.5
2	烈度≤Ⅲ度	Ⅲ度＜烈度≤Ⅵ度	烈度＞Ⅵ度
3	少有感，少数人在静止中有感，悬挂物轻微摆动	大多数人有感，家畜不宁，门窗作响，墙壁表面出现裂纹，器皿翻落，陡坎滑坡	建筑物破坏，房屋多有损坏，山石崩塌，地表产生很大变化
4	集中活断层附近	活断层附近	全区有感

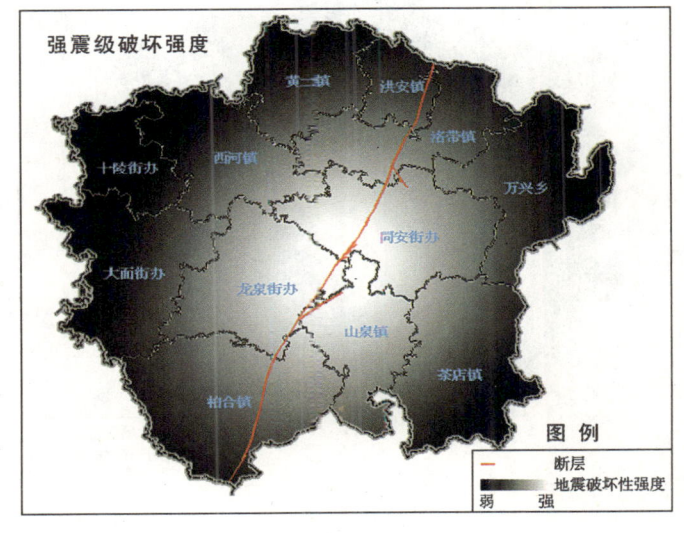

图2

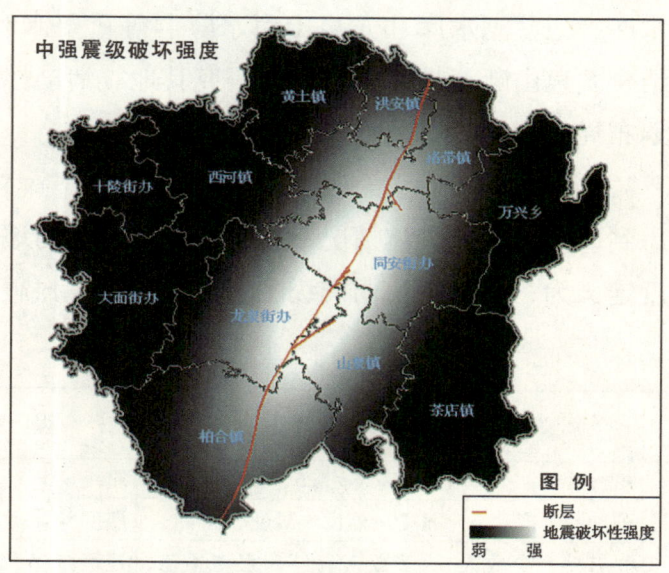

图 3

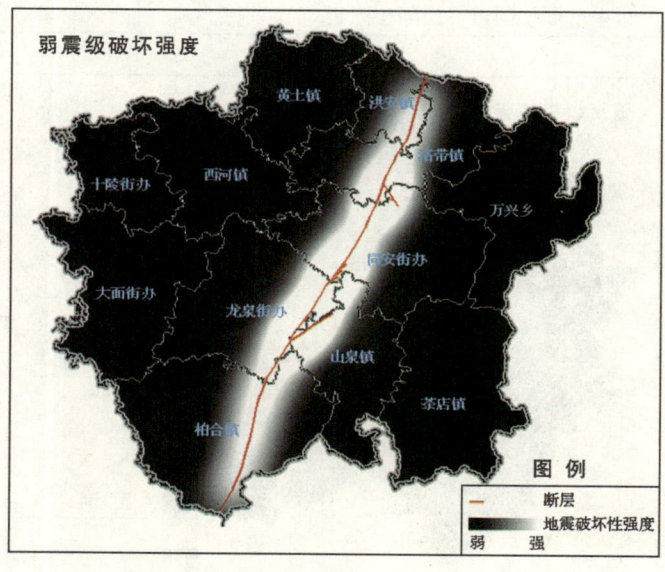

图 4

1.3.3 地震灾害诱发次生灾害研究

地震灾害对已有地质灾害点的影响。龙泉驿区内地质灾害点的展布，从地层岩性看，主要分布于侏罗系蓬莱镇组、侏罗系遂宁组；从高程分布看，主要分布于500m至700m之间；从地貌类型看，主要分布于坡度大于40°的地区。综合考虑地层岩性、地貌类型和高程对地质灾害发育的影响，对不同等级地震，其诱发次生地质灾害的影响范围明显不同。

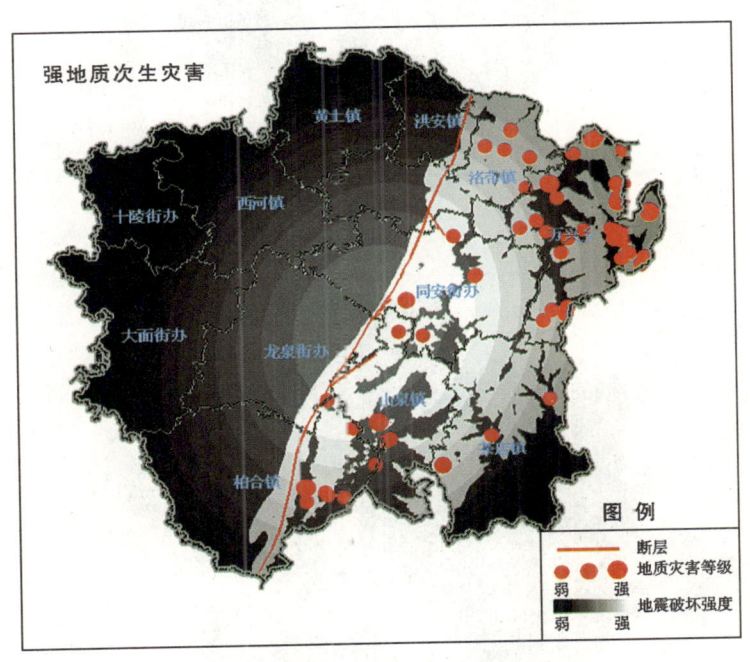

图5

地震灾害对危险设施污染源的影响。龙泉驿区内主要危险设施污染源有三个，分别为：洪安危化品市场、龙泉垃圾卫生填埋厂和洛带垃圾焚烧发电站。地震诱发次生地质灾害，在不

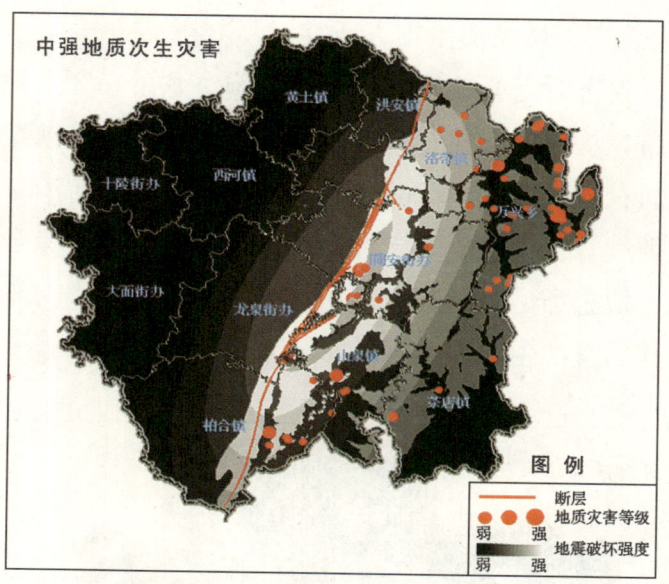

图 6

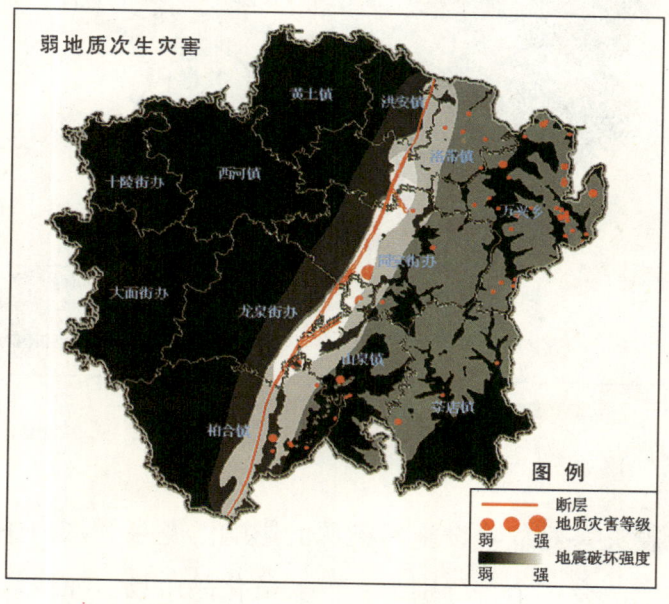

图 7

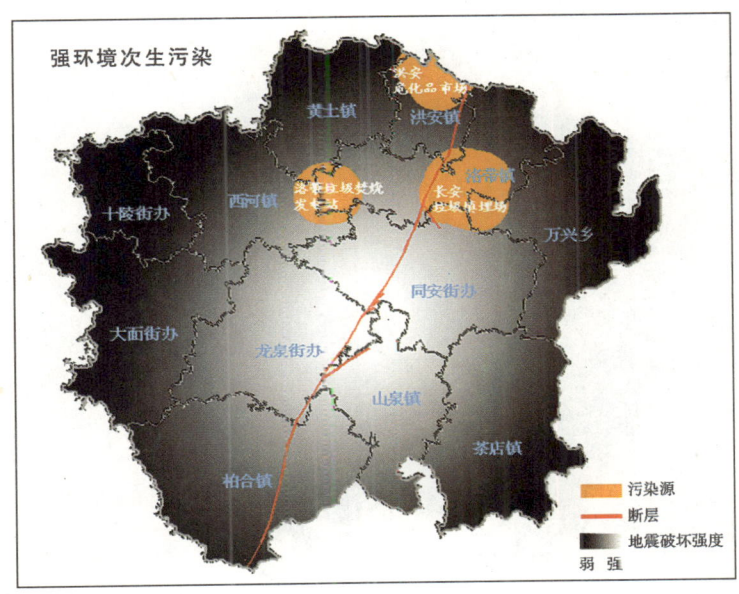

图 8

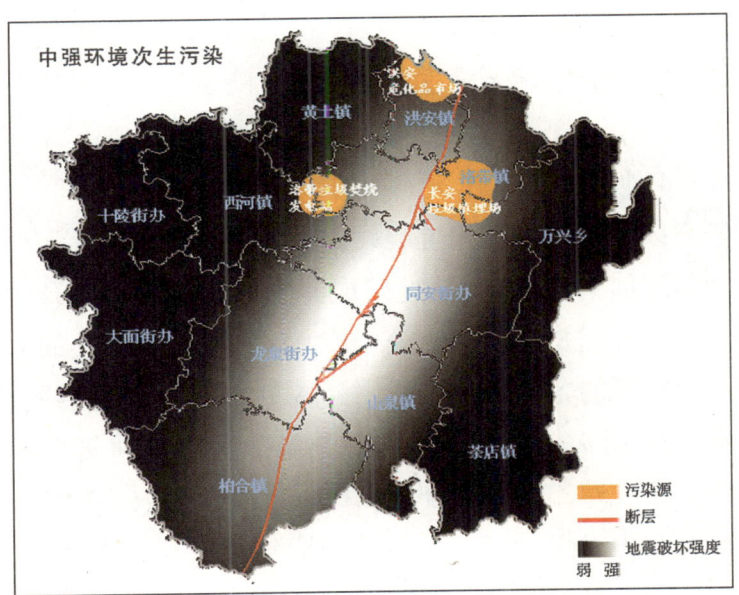

图 9

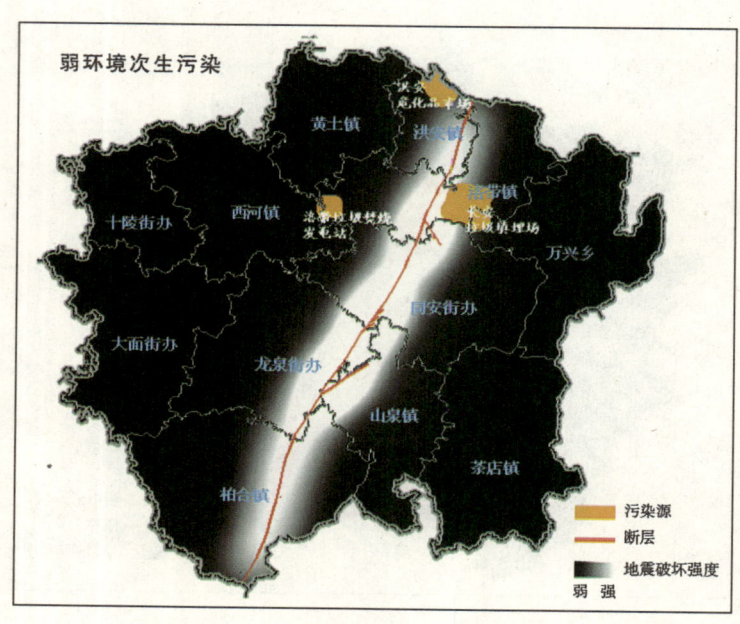

图 10

同等级的地震灾害破坏强度影响下,危险设施污染源影响范围也有不同。

1.3.4 地震灾害对建筑成本的影响研究

研究区域的建筑工程抗震设计设防烈度为6度,设计基本地震加速度值为0.05g。从建筑成本考虑,从6度上升到7度与从7度上升到8度成本变化有较大区别,是非线性的变化过程。从收集到的各类资料表明,提高1个设防烈度大约会使建筑成本提高10%~30%。根据对龙泉驿区当前建筑成本的调查,框架结构建筑成本大约为2000元/m^2,城镇砖混结构建筑成本大约为1600元/m^2,乡级一般建筑成本800元/m^2。受到地震设防因素影响,建筑成本变化如下:

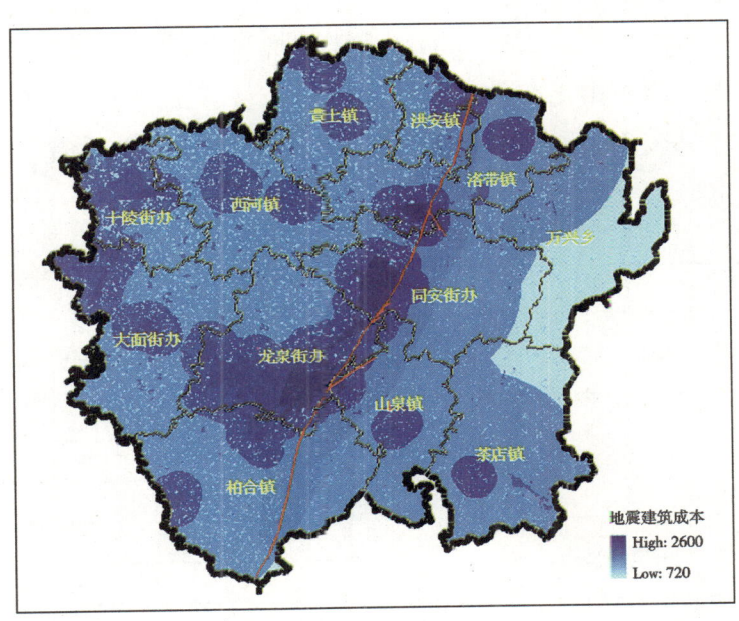

图 11

1.3.5 地震灾害对建设用地适宜级的影响研究

建设用地适宜级是土地的综合属性，反映土地对某种用途是否适宜以及适宜程度的高低。建设用地适宜级可分为高度适宜、中度适宜、基本适宜和低度适宜。高度适宜（Ⅰ）指土地质量最好，评价的各项因子均处于最优或较优的状态；一般适宜（Ⅱ）指土地质量较好，评价的各项因子处于较优状态；基本适宜（Ⅲ）指土地质量较低，土地对所定用途具有较为明显的限制性，勉强适宜于所定用途；低度适宜（Ⅳ）指在当前的技术和经济条件下，这类土地作为建设用地适宜性极低，其改造成本高于效益，且严重危害建设的稳定性和安全性。

未考虑地震灾害条件的建设用地适宜性评价。建设用地适宜级评价体系由工程地质特征、区位条件和土地条件构成，具体指标见表2，采用综合评价法得到区域建设用地适宜级。

表2

指数	指标
工程地质特征 B1	地表切割度 C1
	地基稳定性 C2
区位条件 B2	人口密度 C4
	基础设施完备度 C5
	公共设施完备度 C6
土地条件 B3	光热条件 C7
	水源保证率 C8

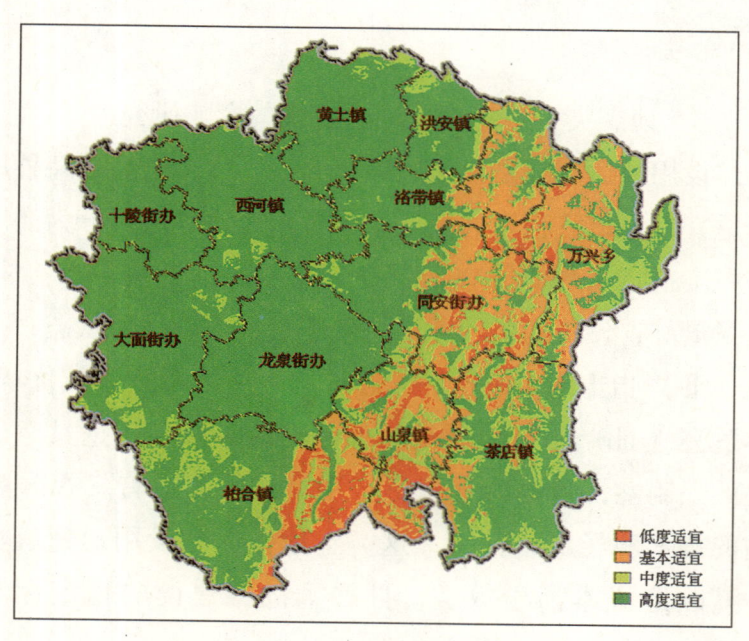

图 12

考虑地震灾害条件的建设用地适宜性评价。考虑地质活动构造对适宜级的影响，增加建设用地适宜级评价体系中的地质活动构造指标（见表3），进行建设用地适宜级综合评价。

表3

指数	指标
工程地质特征 B1	地表切割度 C1
	地基稳定性 C2
	地质活动构造 C3
区位条件 B2	人口密度 C4
	基础设施完备度 C5
	公共设施完备度 C6
土地条件 B3	光热条件 C7
	水源保证率 C8

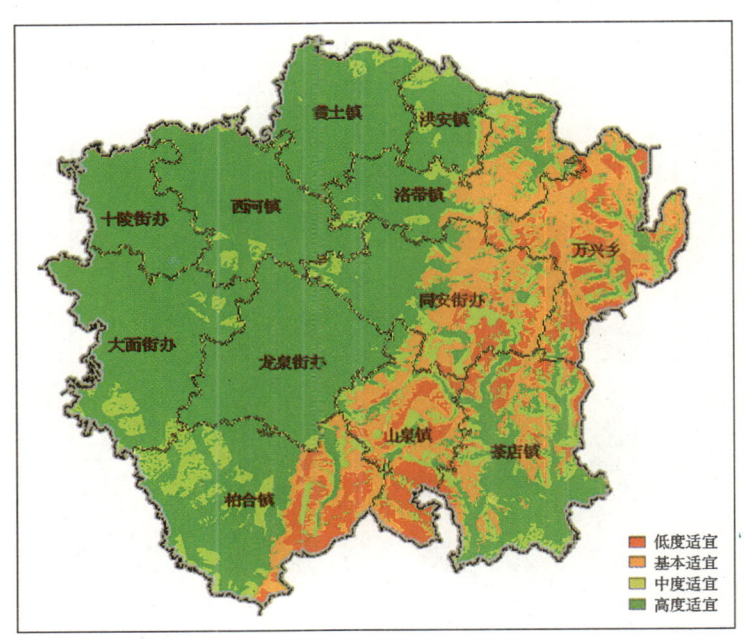

图13

将不考虑地质活动构造与考虑地质活动构造对适宜级的评价结果加以对比，会发现存在明显差异，表现在适宜级在空间分布上的变化与适宜级面积上的变化两个方面。龙泉驿区沿断裂带左边为平原，右边为山区，地震因素对平原区的影响较小，而对山区的影响较大，可以明显看出在山区建设用地适宜级向弱震区方向偏移，导致建设用地适宜级的基本适宜与不适宜面积扩大。

表4

建设用地适宜级别	未考虑地质活动构造（单位：亩）	考虑地质活动构造（单位：亩）	变化面积（单位：亩）	变化百分比
不适宜	29491.18	58964.1	29472.92	50%
基本适宜	131035.2	142581.6	11546.4	8%
中度适宜	129523.3	119084.2	-10439.1	-9%
高度适宜	546730.5	516150.3	-30580.2	-6%
合计	836780.2	836780.2	—	—

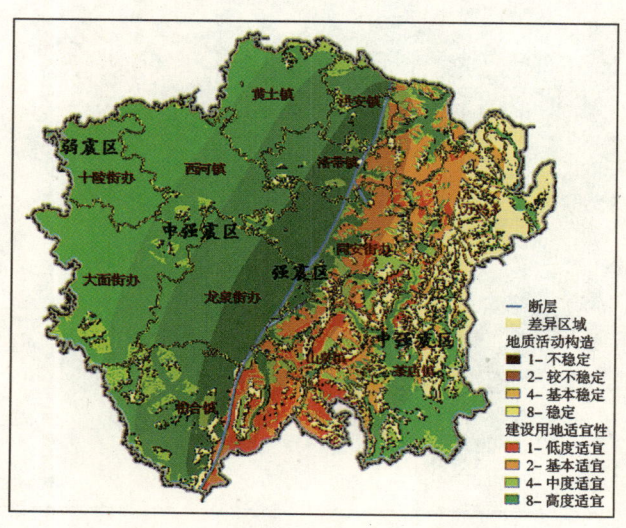

图14

2 通过土地制度创新支持灾区恢复重建

多难兴邦。特大地震灾难造成人民生命财产巨大损失,但也成为制度创新的重要契机。"5·12"汶川特大地震中,成都市死亡和失踪人数达到5000多人,受伤2.6万多人,垮塌房屋49万间,经济损失1247亿元。仅重建住房一项就需要数百亿元,这在短期内无论靠受灾农户还是靠地方财力都难以解决。成都市在国土资源部和四川省的支持帮助下,正是充分利用特大地震也难以毁坏的土地,将土地资产转化为重建资本,有效化解了重建资金不足的难题,加快了重建家园的进程,迎来了新的发展机遇。

2.1 制度创新的实践

案例一:都江堰市向峨乡统规统建。向峨乡是都江堰市本次地震中受灾最为严重的乡镇之一,全乡486人死亡,受灾人口15846人,90%的房屋倒塌,99.3%的房屋属于危房,道路等基础设施在地震和伴生的山体滑坡中严重受损,学校、医疗站、市场等公共服务设施几乎全部损毁。按照国家灾后重建户均补助2万元的政策,一个5人户的家庭,即使简易的恢复性重建也还需要自筹资金5万~10万元。同时,分散的居住方式使公共服务配套难以实施。向峨乡正是运用了"城乡建设用地增减挂钩"的特殊土地支持政策,将受灾户拆旧搬迁后腾出来的3000亩建设用地指标,以每亩20万元的价格,跨县"挂钩"到靠近成都中心城区的双流县,筹集到重建资金6亿元，保证了全乡灾后农民住房重建的迅速启动。大多数农户选择了统规统建方式，农户除了把得到的国家灾后重建补助2万元投入外，无须另交费用，即可入住人均35m^{2}的新居。2009年春节前，也就是大地震后仅过去半年时间，率先启动建设的石碑、棋盘、新庄子3个安置点全部竣工验收并交付使用，入住农户831户、2399人。其余13个安置点很快也将交付使用，预计可安置农户3486户、11699人。所有安置点内的道路、供水、电力、燃气、通讯等基础设施和村务、卫生、文化、警务等市政服务设施同步配套实施，农民享受到与城镇居民同质化的公共服务。农村土地整治还加快了农业产业化发展，猕猴桃等4个万亩特色产业基地正在加速建设，农民收入将显著增加。

案例二：彭州市磁峰镇鹿坪村统规统建。紧邻向峨乡的彭州市磁峰镇鹿坪村在此次地震中也遭受了极大损害，全村14个村民小组，587户2299人，地震中死亡9人，房屋倒塌受损5323间，经济损失1.16亿元。鹿坪村在住房重建中运用了与向峨乡相似的办法，即以城乡建设用地增减挂钩项目为载体，多渠道筹集灾后重建资金。农民自行复垦旧宅基地175亩，共筹集灾后重建资金9800万元。在重建方式上，该村共有531户2039人选择了统规统建；安置点选址邀请农民参与，规划设计方案公开征求农民意见，建筑户型由农民自由选择；现已建成住房856套、总建筑面积7.55万m^2，水、电、道路等公共配套设施齐全的"鹿鸣荷畔"统规统建安置点。安置点规划充分考虑保护耕地、尊重风土民情，并顺应地形，采用"林盘"的空间形态形成三个居住聚落和一个公共配套及商业组团，聚落间、建筑单体之间结合产业规划形成生态景观带、经济作物带，既给农民带来收益，又体现自然的环境景观效果，成为灾后重建的成功范例之一。

案例三：都江堰市天马镇统规自建。天马镇也是都江堰市重灾乡镇之一，全镇1.1万户人家，527户房屋垮塌，7708户房屋严重受损。与向峨乡和鹿坪村不同的是，天马镇在灾后重建中主要采取了统规自建的做法。统规自建，即由地方政府通过建设用地增减挂钩异地筹资，加上国家灾后重建补助、社会建房捐款和农民自筹等，在统一规划点自行建设新村和新居。该镇8个村31个点、2088受灾群众参与统规自建，占重建户的68%，共可节约建设用地指标1781亩，按每亩15万元计算，可换取2.6亿元重建资金，参加统规自建的农户每人可得1.6万～1.8万元，三口之家可得6.4万元。该镇向荣村共201户611人参加统规自建，通过土地整治，可净增建设用地97亩，获取1455万元土地收益用于农房重建。向荣新村A区原有住户17户、面积25亩，通过拆并重建共容纳67户、191人，腾出耕地37.56亩。通过这种方式，既有效保护川西林盘风貌，又有力地推动了集约用地和灾后重建，成为都江堰市十大重建模式之一的"向荣模式"。

案例四：都江堰市大观镇茶坪村城乡联建。城乡联建，就是灾区以外的企业或个人作为联建方与受灾农户联合，受灾农户以部分宅基地换取联建方的建房资金，联建方在灾区投资开发商业性项目，地方政府提供规划、建筑质量把关、土地确权颁证等服务的一种重建方式。大观镇茶坪村是最早尝试城乡联建的乡村。该村153户人家，地震中14户房屋倒塌、81户损毁。2008年6月成都市推出联建政策的当月,该村第三村民小组组长王全就与一张姓老板协商,达成联建协议:王全家原有287m²宅基地,其中的132m²由张老板帮助王全新建一套房屋,100m²交由张老板兴建一家由其拥有产权并经营的"乡村酒店",节约建设用地50多平方米。到2009年初,类似王全家的全村有10户联建成功,另有100多户达成联建意向,总投资超过1亿元。

2.2 制度创新的重要进展

上述4个案例,无论是统规统建、统规自建,还是城乡联建,本质上有一个共同点,即都是利用土地这个农民最大的资产,作为权利与需要取得发展空间的其他方进行交换,以换取重建资本。这个看似"既简单又合理"的交换,却包含了重大的土地制度创新。

首先,在我国现行土地管理制度下,农民宅基地具有福利和保障性质,只能作自住之用,不能进行经营或通过出租、出让、抵押、交换等方式实现经济价值。各类非农业建设占用农民集体土地,都需要先征为国有。而无论是统规统建、统规自建,还是城乡联建,其以土地作为筹集资金的手段,实质上都是承认农民宅基地的资产权利,这对于现行土地管理制度无疑是一个重大突破。

其次,《中共中央关于推进农村改革发展若干重大问题的决定》提出对依法取得的农村集体经营性建设用地可以公开规范的方式转让土地使用权,文件明确规定了转让土地使用权的范围是"集体经营性建设用地",未包括农民宅基地。成都市灾后重建土地政策中所包含的有关内容，无论在流转土地的范围还是在流转土地的经营用途上，都无疑迈出了更大步伐。

第三，成都市作为国务院批准的统筹城乡发展综合配套改革试验区，在一些方面享有先行先试权，如开展城乡建设用地增减挂钩试点，但成都结合灾后重建在国家已有试点规定基础上扩大了改革范围，包括增减挂钩的对象由县扩大到市、不预先设置项目区、允许拆旧方在完成复垦前先从建新方拿到15万~20万亩的建新资金等等，都与灾前政策不同。尤其是城乡联建，目前在灾区以外仍严格禁止。

目前在已出台的各项支持灾后重建的措施中，增减挂钩等土地特殊支持政策被普遍认为是支持力度最大、实际效果最好的措施之一。其所以能发挥关键作用，从根本上说是利用了级差地租这个强大的经济杠杆。增减挂钩是将农村建设用地置换为同等面积的城镇建设用地，由于城乡建设用地之间存在悬殊的级差收益，从而可以将这部分级差收益返还农村，支持包括农房重建在内的农村土地整治。同样，城乡联建也是利用了级差地租原理。进一步说，无论增减挂钩还是城乡联建，都是通过土地要素在城乡之间的流动，以城带乡、以工促农，促进新农村建设和城乡统筹发展。

土地制度创新推动了灾后重建，灾后重建中积累的创新经验，应当及时总结，形成制度化成果，进一步推广到全国其他地方，促进土地管理制度的改革和发展。

参考文献

1. 卢海峰. 浅谈活断层及其研究方法［J］. 江苏地质，2006（02）

2. 徐水森,任寰,宋杰.龙泉山断裂带地震活动性浅析［J］.四川地震,2006（02）
3. http：//www.cdhistory.chengdu.gov.cn/index.asp,成都方志网
4. GB18306—2001.中国地震动参数区划图［S］.北京：中国标准出版社,2001
5. GB500011—2001.建筑抗震设计规范［S］.北京：中国建筑工业出版社,2001
6. GB50223—2004.建筑工程抗震设防分类标准［S］.北京：中国建筑工业出版社,2004
7. 北京大学国家发展研究院.还权赋能：奠定长期发展的可靠基础.内部资料,2009

图书在版编目（CIP）数据

汶川地震灾后重建和农村平安社区建设/蒋树声主编.
—北京：群言出版社，2010.2
（灾害与社会管理专家论坛丛书；7）
ISBN 978-7-80256-095-6

Ⅰ.①汶… Ⅱ.①蒋… Ⅲ.①地震灾害—灾区—城乡规划—汶川县—文集②地震灾害—灾区—心理保健—文集③农村—社区—建设—中国—文集 Ⅳ.①TU984.271.4-53②D669.3-53③B845.67-53

中国版本图书馆CIP数据核字（2010）第016251号

汶川地震灾后重建和农村平安社区建设

出 版 人	范　芳
责任编辑	樊　伟　盛利君
出版发行	群言出版社（Qunyan Press）
地　　址	北京东城区东厂胡同北巷1号
邮政编码	100006
网　　站	www.qypublish.com
电子信箱	qunyancbs@126.com
总 编 办	010-65265404　65138815
编 辑 部	010-65276509　65262436
发 行 部	010-65263345　65220236
总 经 销	群言出版社发行部
读者服务	010-65220236　65265404　65263345
法律顾问	中济律师事务所
装帧设计	北京美信书装设计工作室
印　　刷	北京市耀华印刷有限公司
版　　次	2010年5月第1版　2010年5月第1次印刷
开　　本	787×1092mm　1/16
印　　张	11.75
字　　数	127千字
书　　号	ISBN 978-7-80256-095-6
定　　价	38.00元

［版权所有，侵权必究］

OST-WENCHUAN EARTHQUAKE REHABILITATION AND RURAL SAFETY COMMUNITY CONSTRUCTION

汶川地震灾后重建和农村平安社区建设

2009 年